高科技筑梦新时代

灭癌“导弹”

杨先碧　徐　娜　编著

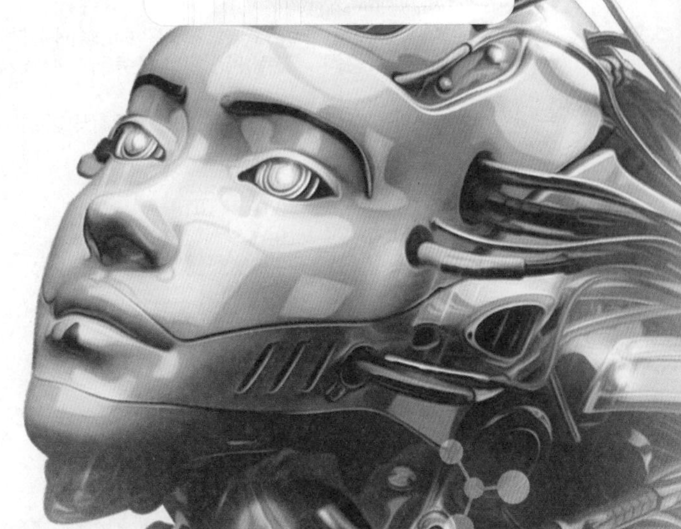

云南出版集团　晨光出版社

图书在版编目（CIP）数据

灭癌“导弹” / 杨先碧，徐娜编著. --昆明：晨光出版社，2020.3（2021.1重印）
（高科技筑梦新时代）
ISBN 978-7-5715-0259-1

Ⅰ. ①灭… Ⅱ. ①杨… ②徐… Ⅲ. ①生物学—少儿读物 Ⅳ. ①Q-49

中国版本图书馆CIP数据核字（2019）第176036号

杨先碧 徐 娜 编著

出版人 吉 彤

策 划 吉 彤 温 翔
责任编辑 于立思 朱凤娟
装帧设计 周 鑫
责任校对 杨小彤
责任印制 郁梅红 廖颖坤

出版发行 云南出版集团 晨光出版社
地 址 昆明市环城西路609号新闻出版大楼
邮 编 650034
电 话 0871-64186745（发行部）
0871-64178927（互联网营销部）
法律顾问 云南上首律师事务所 杜晓秋

排 版 云南安书文化传播有限公司
印 装 昆明滇印彩印有限责任公司
字 数 130千
开 本 720mm×1010mm 1/16
印 张 10
版 次 2020年3月第1版
印 次 2021年1月第2次印刷
书 号 ISBN 978-7-5715-0259-1
定 价 30.00元

前言

“高科技筑梦新时代”系列图书的出版，是深入贯彻落实国家关于全面推进素质教育和实施全民科学素质行动计划的积极举措。全面推进素质教育，切实加强科学教育，实施全民科学素质行动计划，形成尊重科学、尊重知识、崇尚创新的浓厚社会氛围，培养少年讲科学、爱科学、学科学、用科学的思维方式，弘扬时代精神。国家通过制定和完善科普政策法规，营造有利于科学传播的社会环境，这一系列硬性方针和鼓励政策也为少年科普图书的出版创造了良好的环境。

“高科技筑梦新时代”系列共4册，包括《中国“魔盒”》《灭癌“导弹”》《飞上蓝天的“蛟龙”》《未来水下城市》。该丛书囊括了航空航天、生物科学、海洋、能源与环境等众多领域里令人惊叹的高新科学技术知识，几乎涵盖了日常生活、工作和学习中所涉及的高科技。丛书介绍了国家的创新工程、人类的发明创造，以及未来多元化、趣味化的创新科技，利用高科技背后的有趣故事、叹为观止的科学事件、高新科技对人类生活各方面的影响，将各具特色、多姿多彩、精彩纷呈的高新科技实例展现在读者面前，将高科技“烹调”成一道人人称赞的

“营养书”。

随着高科技日新月异的发展，出现了很多创新性的科技事件，这些令人惊叹的高新科学技术就在我们身边，并且深刻地影响着我们的日常生活。少年早早地接触和认识这些高科技，了解其发展现状和趋势，从小跟上新时代科技迅猛发展的节奏，有助于增强他们对科学的兴趣，通过高科技的窗口，眺望未来科技的发展前景，为祖国为人民树立远大的理想。该丛书立足青少年本位意识，结合少年的阅读特点和理解能力，为他们奉献原汁原味的优质科普读物，使少年读者在学习科技知识的同时，在潜移默化中提高科学素质。

少年智则国智，少年强则国强。该丛书的出版对弘扬科学精神，培养创新思维，增强少年的科学意识、环境保护意识，牢固树立社会主义生态文明观等都有着十分重要的意义，也是对“科技强国梦”推动实现中华民族伟大复兴的中国梦的具体践行。中国梦连着科技梦，科技梦助推中国梦。未来世界将是一个全新的时代，需要年轻一代去创造和掌控。今天的少年是未来的主人，在他们心中播下科学技术的种子，就是实现中华民族伟大复兴“中国梦”的希望。本丛书注重科学素质的提高和科学精神的培养，让青少年在阅读中找到攀登科学高峰的方法，对继承和传播科学文化有着非凡的意义。

目录

MULU

基因组时代

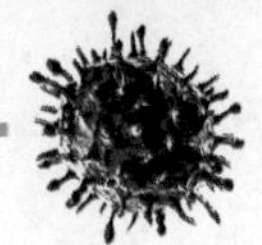

诺贝尔奖获得者、“DNA 之父”詹姆斯·沃森曾获得一张装有其个人基因组图谱的光盘，成为世界上首位拥有基因组图谱的个人。个人基因组图谱光盘的出现，标志着人类已经从信息时代进入了基因组时代。在不久的将来，每个新生儿都有可能拥有属于自己的基因组图谱。这不仅在技术上是可行的，而且每个家庭也负担得起。

人类基因组计划

现代遗传学家认为，基因是 DNA（脱氧核糖核酸）分子上具有遗传效应的分子序列。而某种生物的整套基因则被称为基因

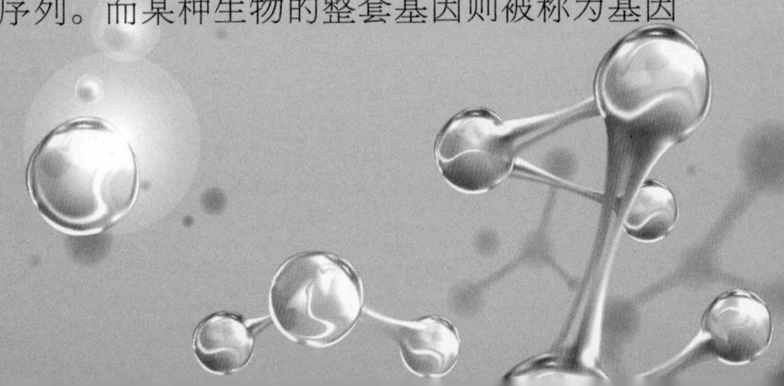

组，比如，人类的整套基因是人类基因组，狗的整套基因是狗基因组，小麦的整套基因是小麦基因组。科学家还把基因组用图谱的形式直观地表现出来，其中人类基因组图谱被誉为“人体的第二张解剖图”。

人类基因组计划和曼哈顿原子弹计划、阿波罗登月计划并称人类科学史上的三大计划，其意义在于揭开人类全部遗传信息之谜，使人类对自身的认识达到一个新的高度。人类基因组计划的目的是发现所有人类基因并搞清其在染色体上的位置，进而破译人类全部遗传信息，使人类第一次在分子水平上全面地认识自我。这一过程就好像以步行的方式绘出从北京到上海的沿线地图，并标明沿途的每一座山峰与山谷，虽然很慢，但非常精确。

中国的人类基因组计划于 1994 年启动，并得到国家高技术研究发展计划和国家自然科学基金的资助。1999 年 6 月 26 日，中国科学院遗传研究所人类基因组中心向美国国立卫生研究院（NIH）的国际人类基因组计划（HGP）递交加入申请。HGP 在网上公布中国注册加入国际测序组织，中国成为继美、英、日、德、法后第六个加入该组织的国家。

我们自己的基因组图谱

当第一份人类基因组图谱公布的时候，有一个问题似乎被许多人忽略了，它被称作“人类基因组图谱”，可那究竟是谁的基因组？事实上，人类基因组计划测定的是一小群人的基因组的混合体，这些基因组提供者的姓名是保密的。

由于地球上所有人的基因组 99.9% 的部分都是相同的，这份基因组图谱称得上是人类基因组的“参考”图。但这并不意味着人与人之间基因组的少量不同之处不重要，实际上，人与人的差异就隐藏在那 0.1% 的不同之处之中，因此，绘制每一个人的基因组图谱也很重要。

美国一家公司宣布，将开发出成本为 80 美元的个人基因组测序技术，耗时也仅有几个小时。还有更为乐观的科学家认为，未来我们只需花费 10 美元，就可以获得属于我们自己的基因组图谱。

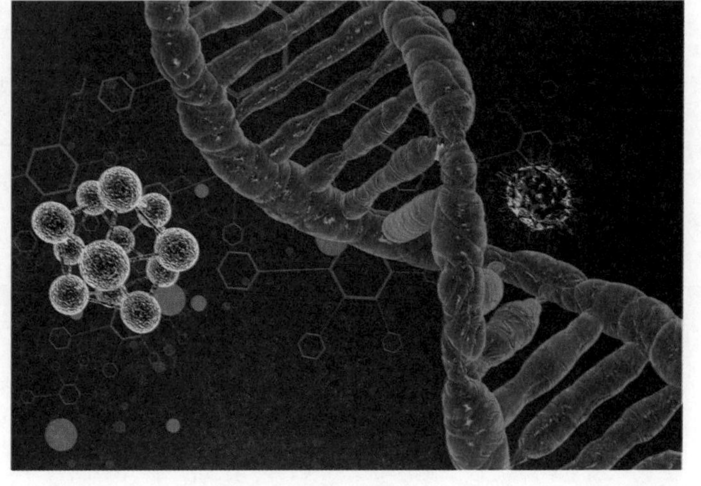

利用基因组识别身份

在未来，基因身份证也将成为身份证明的普遍形式。基因身份证上除了拥有国籍、住址、生日等传统信息外，还有一个重要的非可视信息，那就是个人基因组信息。与传统的DNA分析相比，个人基因组技术将更加精确，分析将更加方便。未来个人基因组图谱将全面推广，司法机构可以建立一个完整的基因组数据库。有了这个数据库，警察就能利用这项技术查找受害者和凶手。在案发现场，警察可以根据毛发、唾液、血液等痕迹进行及时的基因组分析，并和基因组数据库联网，就可以立即查到犯罪嫌疑人和受害人的身份。

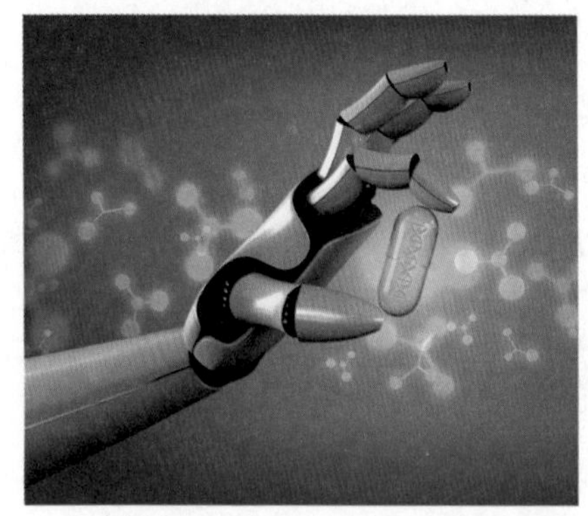

基因组时代的隐私困境

在基因组时代，涉及基因隐私的纠纷也将增多。当个人基因组图谱普及之后，掌管个人基因组信息的就不仅仅是医疗机构，还将包括与求学、就业、劳动保护、金融、个人和社会安全、控制犯罪和打击恐怖主义等事务相关的各领域的机构。目前，很多人不愿意破译自己的个人基因组，就是担心被胁迫。如何有效地保护人们的基因隐私，也是司法工作者正在考虑的事情。

未来，个人基因组图谱的描绘会非常简单，同时也更容易被泄露，这将使每个人都陷入可预见的巨大危险中，隐私的暴露只是一个开始，随后而来的将会是歧视和不安。即便有严格的法律和执法，个人基因信息会不会因黑客入侵或经由医疗途径而外泄呢？如果基因组信息落入恐怖主义者之手，针对某特定族群制成的生物武器将可能产生精确的打击效果，那么该族群可能有被彻底灭绝的危险。

智博士

炎黄一号

2007 年 10 月 11 日，中国科学家对外宣布，他们已经成功绘制完成第一个完整中国人基因组图谱（又称“炎黄一号”），这也是第一个亚洲人全基因序列图谱。这一研究的主要内容是以新一代测序设备和高性能计算机技术为支撑，通过对白、黄、黑三个人种进行大样本的全基因组测序和序列比较，探索人类基因组在不同人群中的多态性分布和变化规律。这项里程碑式的科研成果，对于中国人乃至亚洲人的 DNA、隐形疾病基因、流行病预测等领域的研究具有重要作用。

改造基因

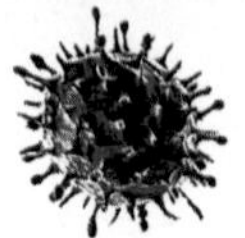

人们曾经认为一个人的基因是与生俱来且终生不变的。其实，自古以来，生物的基因因为环境的改变而不断发生着变化，这才有了生物从低级到高级的进化历程。具体到个人短短一生中，基因也在不断发生着细微的变化。而随着基因编辑技术的出现，科学家可以对生物的基因进行改造和加工，生物的基因可以发生快速地改变。

基因编辑技术

在基因科学领域，目前最热门的技术之一是基因编辑技术，因为它能够让科学家对目标基因进行“编辑”，实现对特定 DNA 片段的敲除、添加等，从而让生物的特征发生重大改变。简单地说，基因编辑技术就像一把剪刀一样，可以精确地修改基因组上的序列。

基因编辑技术中最热门的是一种源于细菌的CRISPR（Clustered regularly interspaced short palindromic repeats）技术。CRISPR技术是细菌从基因角度来抵御病毒的一种手段。侵入细菌的病毒懒得构造自己的复制系统，喜欢把它们的遗传基因片段插入到细菌的细胞内。当细菌受到病毒的感染时就会进行反击，用一段自己的DNA片段包围住入侵的病毒DNA片段，然后将这段病毒DNA片段从自己的基因序列上切除出去。

虽然CRISPR技术在这个世界上已经存在数亿年了，但是科学家了解并学会这个方法却只有十多年的时间。

基因编辑不是转基因

人们通常把所有采用现代生物技术改造后出现的新品种叫作“转基因”。不过对于生物学家来说，基因编辑和转基因是有根本差别的。转基因是在一种生物中转入一个或者几个新的基因，而基因编辑则是对一种生物本身的基因进行修改，剪切自身的基因，或引入同一物种的基因，通常不引入其他物种的基因。因此，从生物安全性上来说，基因编辑相对来说要比转基因更加安全。

基因编辑技术在农业研究领域具有发展前景。美国纽约冷泉港实验室科学家使用基因编辑工具能够增加番茄产量，该实验室开发一种方法能够通过编辑基因，确定番茄的大小、分枝结构以及最大产量时番茄的外形。冷泉港实验室扎卡里·利普曼教授在一篇新闻稿中称，农作物的每个特征能够以电灯变光开关方式进行控制，从而有选择性地增强其自然属性，这将帮助我们突破产量障碍。科学家希望基因编辑技术能够帮助人们摆脱对转基因食品的恐惧心理。

未来的疾病“克星”

目前国际确认人类共有7000多种“罕见病”，包括渐冻症、白化病、血友病等，患者人数超过3亿。基因治疗，就是通过导入“好的基因”，或者修复“坏的基因”，从源头治疗这些疾病。

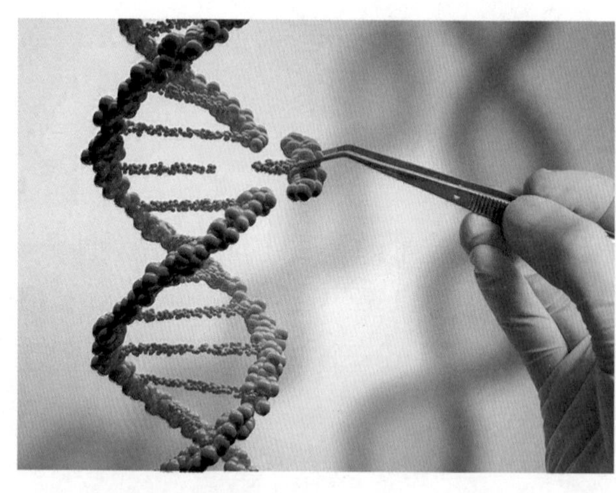

美国宾夕法尼亚州立大学卡尔·朱恩博士进行了一项雄心勃勃的研究项目：用颇具争议的CRISPR基因编辑工具治疗18位晚期癌症患者。在治疗中，朱恩博士将对患者的细胞进行基因编辑，使它们具备抵御癌症的能力。

研究人员还利用基因编辑消除传染病。美国加州大学研究人员利用基因编辑工具，培育出身体呈黄色、三眼、无翅的蚊子，削弱了蚊子的飞行能力和视力，从而大幅降低蚊子在人群中传播疾病的能力。

如果将现有基因编辑工具用于治疗疾病，还存在不少风险，其中“脱靶”甚至可能诱发癌症。要降低风险，首先要有监测风险的工具，中国科学院神经科学研究所杨辉等人设计了一种更灵敏的检测方法，能发现基因编辑中非常少量的“脱靶”，从而精确测算基因编辑导致癌症的风险。

智博士

光控制基因编辑

如何更好地控制基因编辑工具一直是科学家在探索的难题。中国南京大学的宋玉君教授等人发现，可以用光控制基因编辑工具。研究人员将基因编辑工具锁定在光转换纳米粒子上，把这些纳米粒子暴露在近红外光下，基因编辑工具就可从纳米粒子中释放出来，然后进入细胞参与基因编辑。红外光具有强大的组织穿透性，这为在人体深层组织中安全、精准地应用基因编辑技术提供了可能。利用这项新技术，可精准灭杀癌细胞。

绘制人脑活动图谱

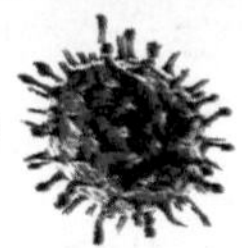

科学家已经能对许多自然现象进行预测，比如，明天会不会是狂风暴雨，是否会有小行星撞击地球等。但是，科学家却很难预测一个人在下一分钟会想什么。如果能绘制出人脑活动图谱，就可以了解人脑的运行机理，从而可以监测人们的思维活动，也可以检测脑部疾病。

记录脑神经活动

2011 年 9 月，在英国召开的一次科学会议上，美国哈佛大学分子遗传学家乔治·丘奇和哥伦比亚大学神经科学家拉斐尔·尤斯特的一份提议引起了广泛关注。该提议内容是：通过合作来开发一些新技术，用于追踪人脑各个区域的活动，最终达到可以测量每一个神经细胞活动的水平。之后，美国、中国、英国、日本、德国、加拿大等多国科学家合作开展了“人类脑计划”的浩大科研工程。

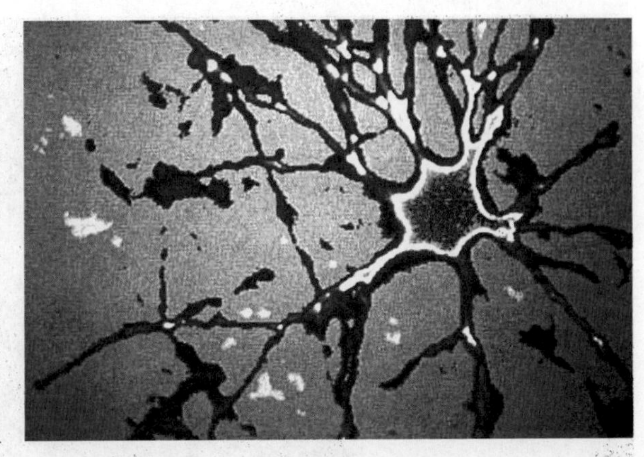

在“人类脑计划”中，一个核心的内容是绘制人脑活动图谱。或许不少人会误解人脑活动图谱就是人脑的三维图像，其实描绘人脑的“外貌”并不困难，人脑活动图谱中最困难的部分是记录脑神经活动。最终完成的人脑活动图谱将展示人脑中每一个神经细胞的活动模式，也会展示何种神经纤维在何时放电，以及各种神经活动是以何种方式同步发生的。

虽然人脑活动图谱名为“图谱”，但是它不是简简单单的一张图画，而是一个庞大数据库的集合，其中展示了人脑中的各种生物电活动。就像人类基因组图谱一样，人脑活动图谱也十分复杂、深奥，我们是难以看懂的，甚至一些脑科学家也看不懂，因为它是一些数据的图示，得借助专门的电脑软件才能“读懂”。

跨学科合作

目前，科学家只能对人脑活动进行粗略的测量。他们可以通过一些仪器对人脑广阔区域的活动进行探测，或者测量单个或小群的神经细胞的活动。然而，这些仪器扫描人脑后生成的是一些模糊的图像，缺乏对细节的描绘。

聚焦于单个或小群的神经细胞，倒是能生成相对清晰一些的图像，但是这些图像用途不大，因为人类的思维活动是人脑多个

区域共同合作的结果，涉及的神经细胞至少有几千个，复杂一点的思维活动则需要几百万个神经细胞和神经纤维来完成。

正因为目前的人脑扫描方法存在局限性，科学家希望开发出新的方法来直观地展现人脑的活动。这要求新型脑成像技术具有高时间、空间分辨力的特点，并与电子探针、纳米技术等密切结合。

绘制人脑活动图谱的方法与绘制人类基因组图谱的方法有些类似，那就是从局部到整体。人类基因组图谱的绘制是从单个基因开始，然后延续到一些基因片段，最后连接成整个人类基因组图谱。同样，绘制人脑活动图谱得从神经细胞开始，然后延续到功能区域，最后扩展到人脑乃至整个神经系统。

尽管测绘人类人脑活动图谱是一项更艰巨的任务，但这一巨大的挑战是刺激新工具的研发以及跨学科的科学家通力协作所必需的。

丘奇和尤斯特等人认为，人脑活动图谱相关技术的开发将分四个阶段：第一阶段，集中研发新影像工具，可以利用光去穿透脑组织，探测并操控细胞功能；第二阶段，通过利用新一代的电子探针，同时监测和操控大量的细胞；第三阶段，利用最新的纳米技术，对单个神经细胞内的活动进行实时汇报；第四阶段，利用人类基因组计划的相关模式，建立数据分析和共享系统，多国科学家合作绘制出完整的人脑活动图谱。

研究脑部活动有何意义

“人类脑计划”的倡导者之一保罗·埃尔维赛特斯认为，人类脑计划的意义可与人类基因组计划相媲美。历时十多年的人类基因组计划让科学家完成了对人类基因组图谱的绘制，让人们可以从基因层面来认识人类的一些外貌、行为，分析疾病产生的原因，对研究人类的行为和促进健康产生了深远的影响。

目前科学家还无法保证人脑活动图谱的实际应用。但是一旦成功，人脑活动图谱的应用将十分广泛。比如，它可以告诉我们决策在人脑中是如何形成的，我们如何才能进行合理、正确的决

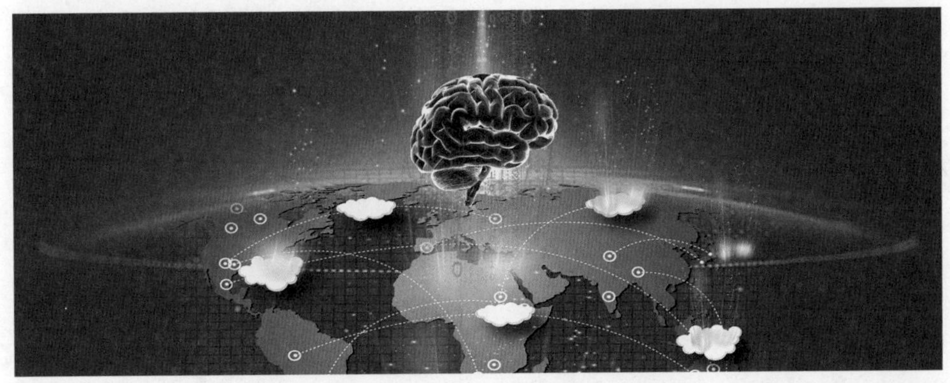

策；它可以告诉我们非正常的想法和行为是怎样产生的，这样可以有效地预防和治疗精神病，预测和减少犯罪行为和恐怖活动；它可以监测神经细胞和神经纤维的活动，发现即将或已经发生病变的脑部区域。

脑科学是研究脑认知、意识与智能的本质与规律的科学。随着脑成像、生物传感、人机交互等新技术的不断涌现，脑科学正成为多学科交叉的重要前沿科学领域，也是众多国家的科技战略重点。

智博士

中国脑计划

继北京成立规模可媲美世界几大著名神经科学实验室的脑科学与类脑研究中心后，2018 年 5 月，上海脑科学与类脑研究中心张江实验室成立。两个中心的成立标志着中国脑计划正式拉开序幕。

中国脑计划的全称是“脑科学与类脑科学研究”，从这个名称就可以看出，一方面是研究人脑，另一方面是研究人工智能。这些研究可以揭示人脑的更多奥秘，帮助人们更好地治疗神经性疾病，有望逐步揭秘精神病的发生原因。随着中国科学家了解到越来越多的人脑秘密，我国将会开发出更先进的机器人。相关研究也可让小朋友受益，相关研究成果有助于揭示儿童脑智发育规律，为他们的学习和成长提供一些更好的方法。

培育独立的人脑

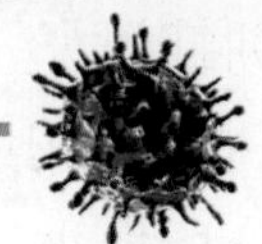

灵魂脱壳，是在许多科幻小说中常常出现的场景，让意识脱离肉身单独存在，这脱离躯壳的意识也可以活动和思考。这些看似不可能的场景，未来在脑科学家的帮助下可能变成现实。现在，已经有一些科学家正在研究如何培育不需要肉身的人脑。也就是说，让人脑脱离肉身还能继续生存。

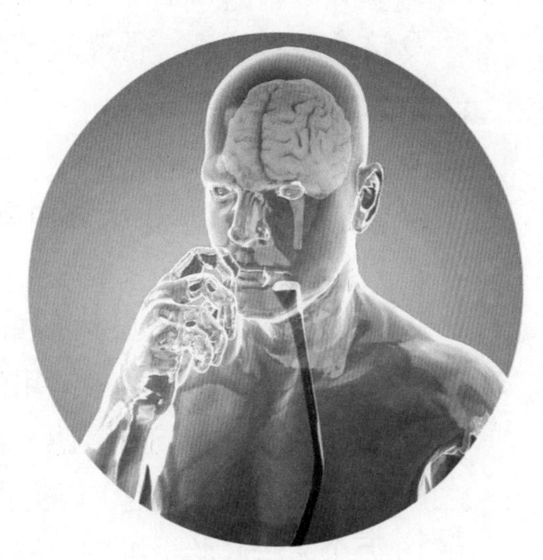

培育体外脑细胞

如果我们的脑部出现局部病变或损伤，可以用一些健康的脑细胞或组织来代替受损部位，我们就能重新变得健康了。然而患者所需的健康脑细胞不能靠捐献来获得，只能走人工培育的道路，在人体外培育出脑细胞。我国上海复旦大学附属华山医院的科学家朱剑虹等人，就曾在体外培植出全球首批人类脑细胞。

朱剑虹是在治疗一名眼睛被筷子插伤的患者时，突然萌生出能否利用患者的脑细胞进行研究的想法的。当他为患者拔除筷子时，筷子上沾满了脑细胞。朱剑虹就凭借这些细胞样本，利用培养基将脑细胞培植出来。朱剑虹试验了多种培养媒介及生长素，证实其做法可行。两个月后，就成功培植出数百万个脑细胞。

朱剑虹将培育出的脑细胞移植给一名头部严重受伤的患者。他先在患者的头骨上钻出数个小孔，然后在受伤部位移植脑细胞。手术后进行的多次脑部扫描显示，新移植的脑细胞有进一步生长，并与患者本身没受损的脑细胞合而为一。脑部损伤原本令这位患者瘫痪，得靠轮椅行动。移植脑细胞之后，这位患者重新获得了行走能力。

大脑中有人脑细胞的老鼠

朱剑虹的研究虽然很重要，但是其脑细胞来源具有很大的偶然性。现在，科学家常用的方法是利用干细胞技术来培育脑细胞。美国研究人员弗雷德·盖奇等人就利用干细胞技术，在老鼠的脑部培育人脑细胞。研究人员在 14 天大的小鼠胚胎脑中注入约 10 万个人脑胚胎干细胞，培育出带人脑细胞的小鼠。

这些小鼠出生时大脑中带有约 0.1％的人脑细胞，这种微量细胞远不能让小鼠具有人类思想。盖奇说，这表明把人类干细胞注入小鼠脑内不会重组它们的大脑。然而，由于涉及干细胞及克隆技术，这项工作再次引发了人类对人兽细胞混合的伦理争议，

毕竟小鼠在基因上与人类有 90 % 以上的同源性。斯坦福大学生物中心负责人戴维·马格努斯说：“人们担心的是，如果你让它们过于人性化，你就越过了某些边界，但这次研究远未触及这些边界。”

也有科学家声称，不用干细胞技术也可以培育脑细胞。美国科学家就将一名 30 岁女性的皮肤细胞培育成了类似人脑中的成熟神经细胞。他们惊讶地发现可以将人的皮肤组织转变成具有神经功能的细胞。这种方法可绕过中间的干细胞阶段，只需相对简单的程序——添加一些特殊的 RNA 分子。他们声称，这一突破预示不久有可能在试管中孕育出不同种类的人脑细胞。

豌豆大小的迷你人脑

除了可以培育部分脑细胞之外，科学家还培育出完全不依赖肉身的独立人脑。如今，奥地利科学家已经在这项研究中迈出了重要的一步。他们已经培育出豌豆大小的迷你人脑，其发育水平已相当于胎儿的脑，能进行一定的神经活动，但还不能独立思考。

奥地利科学院的兰开斯特等人，选取人类胚胎干细胞，将其培育成神经外胚层，再放入特制的凝胶中，引导组织进一步生长。最后，科学家把含有脑组织的凝胶转移到一个旋转的生物反应器中，为它提供氧气和养料，并促进吸收。

15 ~ 20 天后，反应器中的脑细胞团就已成形。20 ~ 30 天后，各部分细胞团分别长成不同的大脑区域，包括大脑皮层、视网膜和海马体等。2 个月后，它的直径长到 4 毫米，生长水平达到 9 个星期胎儿大脑的程度。由于没有血液供应，其内部无法吸收氧气和养料，因而没有进一步生长。最终这个迷你人脑在实验室里的存活时间超过了 10 个月。

虽然其他科学家此前也曾经培育过神经组织，但培育如此完整，还包含大脑皮层的大脑尚属首次。这个人工培育的大脑虽然不能思考，也没有高级认知能力，但迷你人脑有助于更好地了解人类大脑发育的过程，也有助于确定精神分裂症等疾病的发病机制。

智博士

抛弃肉身，移民外星

一些科学家认为，人类肉身已过时，将来人们将升级自己的身体，这样能更好地生存下去，并有利于移民外星。未来将人脑冷冻让其“冬眠”，在抵达遥远的其他行星后再进行解冻，届时人脑就可以装入机器人的控制系统中，指挥其他机械在外星上开展各种活动。把人脑移植到机器人中，有利于延长人脑的寿命，并继续维系自我意识。由于是局部更新，就不会影响我们的记忆，这样我们自我感觉还是“原来的那个我”，继续生存的感觉依然存在。

人类智力进化之谜

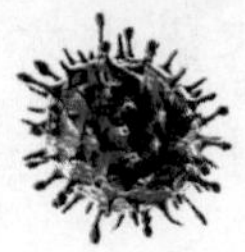

几百万年前，人类的祖先——南方古猿患上了一种“大头病”。古猿们经常因为这种病而头疼，然而这种奇怪的病却让这些古猿越来越聪明。这些“大头病患者”在痛苦中不断进化，最终和其他小伙伴们分道扬镳，成了进化史上第一支人类。

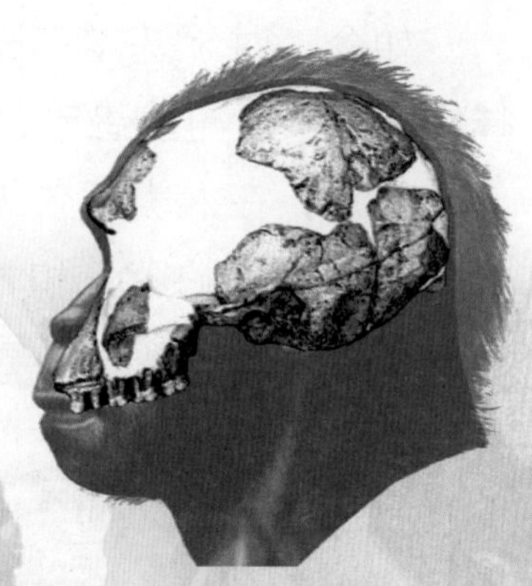

“大头”更聪明

以上描述并非“穿越”小说中的无稽之谈，而是美国哈佛大学的古人类学家兰蒂·巴克尼尔等人经过研究之后得出的科学猜想。

巴克尼尔表示，古猿因为基因突变导致大脑开始变大，在此过程中古猿会忍受慢性头疼的折磨。当然，脑容量的变化并非一蹴而就，而是花了几百万年的时间才进化到现代智人的水平。

我们都知道，人类之所以比其他灵长类动物聪明，是因为我们有一个脑容量超常的大脑。在所有的动物中，人是脑容量和身体体积比值最大的一种动物。

从颅腔的容积上看，人的颅腔容积可达 1500 毫升左右，而 100 万年前的爪哇猿人的脑容量也才 900 毫升。研究还表明，人类的大脑容量是猕猴脑容量的 20.6 倍，是长臂猿的 14.4 倍，是黑猩猩的 4.3 倍。

脑容量和智力的关系

如今，对于基本完成了进化的人类来说，脑容量不再与智力挂钩。大头者可能愚笨，小头者也可能聪明。

但是，在人类长久进化的历程中，脑容量的确是与智力密切相关。然而，脑容量和智力发展究竟是什么关系？是脑容量增加促进了智力的发展，还是智力的提高促进了脑容量的增加？

科学家往往倾向于前一个观点，即脑容量的增长促进了智力的发展。但是，为何会出现这样的结果，多年来一直是一个谜。按照通常的观点，脑容量增加会让神经细胞增多，人类处理信息的能力增强。这就好比是要让电脑的运行速度更快，就得拥有一个更强的中央处理器一样。

然而，现代的统计研究表明，各个地区的人们脑容量差异很大，人类的脑容量随着纬度的变化有 20% 的浮动范围，一般来说生活在寒冷的高纬度地区的人们脑容量更大。但是，这与智力无关，因为高纬度地区光照较少，当地的人们为了更精确地处理视

觉信息，就进化出更大的脑容量来完成这个任务。

那么，在进化的历程中，人类的智力究竟是怎么发展出来的呢？巴克尼尔等人表示，人类的智力的确是在脑容量逐步增加的过程中发展出来的。

在几百万年前，南方古猿因自然环境的改变而下地行走，在自然环境和行为的双重压力下，古猿的脑容量基因发生突变，头部逐渐变大，脑容量开始增加。

撕裂中的进化

脑容量增加的确意味着脑细胞的增多，但这不是智力发展的关键因素。关键因素在于脑细胞之间的连接发生了改变。

无论是现今的其他动物还是远古猿猴，它们的脑细胞连接模式相对简单，就像是鞋带的拴系模式。因此，研究人员称这种简单的神经连接方式为“拴系”，并将这种理论称为“拴系假说”。

在南方古猿脑容量不断增加的过程中，原有的“拴系”状态被粗暴地撕裂。古猿不得不忍受这种撕裂般的慢性头疼的折磨，在剧烈时甚至会疼得满地打滚。而且，这样的慢性头疼状态延续了几百万年。这是人类祖先在进化过程中所付出的必不可少的代价。

直到一万年前的晚期智人阶段，人类的脑容量才完全定型，人类才告别了那个总是慢性头疼的漫长进化期。

在脑神经连接被撕裂之后，一些南方古猿的脑神经连接未能恢复，它们因此变成白痴，甚至付出生命的代价。然而，还有一部分南方古猿的脑神经连接慢慢恢复，并形成了更为复杂的神经回路，它们因此变得比同类更加聪明，在与恶劣自然环境的搏斗过程中逐渐形成了高级的智力，最早的一支人类（古人类学家称它们为智人）由此诞生。

智博士

晒太阳让人更聪明

我们知道，适量晒太阳对人体有很多好处。中国科学院脑科学与智能技术卓越创新中心熊伟教授等人发现，适量晒太阳让人更聪明，因为阳光可以帮助大脑改善学习、记忆和情绪的神经环路机制。动物实验显示，紫外线照射小鼠皮肤可促进谷氨酸合成，细胞内的谷氨酸在大脑运动皮层及海马体神经末梢释放，激活了与运动、学习及记忆相关的神经环路，从而增强运动、学习能力及物体识别记忆能力。

人脑如何处理信息

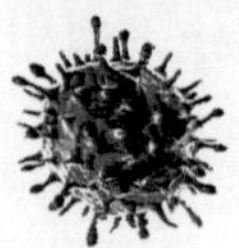

人类大脑有 140 多亿个脑神经细胞，每个细胞都与另外 5 万个细胞相互联结，比目前全球电话网还要复杂 1500 倍。我们经常将人脑比作一台超级电脑，然而，直到近年来，科学家才弄清楚这台“超级电脑”的硬盘、内存条和中央处理器的所在位置。

人脑是台超级电脑

脑细胞储存信息的密度极高，每立方厘米可存放超过 1000 亿比特的信息量，脑科学家估计，一个人一生中存储的信息总量可超过 1000 万亿比特。有人推算出全世界图书馆大约藏书 7.7 亿册，积累的信息总量约为 4600 万亿比特，与人脑能够储存的信息总量属于同一数量级。

对电脑来说，只要某一个小部件出了毛病，就会导致整个机器瘫痪。但是，人的大脑细胞具有自行组合和分裂的活性，构成了高度可靠的“自适应系统”。在人的一生中，脑神经元大约每小时就有 1000 个发生故障，一年之内累计为 800 多万个。如果人活到 100 岁，将会有 10 亿个脑神经细胞功能失效，约占总数的 1/10。即使在这种严重的故障面前，大脑仍然可以正常地运作。

从以上这些数字看，人类的大脑不啻世界上最复杂、最高级、最有效、储存容量最大的超级电脑。除了运算速度比大型计算机略逊一筹外，人脑在结构、尺寸、性能、能耗等各方面都令目前最先进的电脑望尘莫及。

人脑的“硬盘”

既然人脑如同电脑，那么它存储信息的“硬盘”在什么地方呢？来自加拿大多伦多儿童医院的科学家保罗·弗兰克兰发现了人脑“硬盘”，查明了大脑中负责储存信息和恢复陈旧记忆的一块区域。

记忆其实就是大脑神经细胞之间的联结形态。不过要储存或抛掉某些信息，却不是有意识的行为，而是由人脑中一个细小的构造——海马体来处理。大脑海马体在记忆的过程中，承担了转换站的功能。当大脑皮质中的神经元接收到各种感官或知觉信息时，它们会把信息传递给海马体。如果海马体有反应，神经元就会开始形成持久的网络，但如果没有通过这种认可的模式，那么脑部接收到的信息就会自动消逝。

弗兰克兰说：“众所周知，大脑海马体用于处理近期记忆，但并不永久地存储记忆。我们经过研究发现，那些陈旧的或者永久性的记忆是在前扣带脑皮质中得到存储和恢复的。”

人脑的“内存条”

大多数人在对某个画面匆匆一瞥之后，能够在大脑中保留住画面中的三四样事物。当让他们观看另一张类似的画面时，他们会指出三四种与前一张画面中相同的或不同的东西来。但是有些人可能记得更少，只记住一两种，有些人记得多一些，可以达到五种。

这种瞬间记忆能力跟人的智力直接相关。正像一个较大内存的计算机能够同时快速处理很多问题，一个能够在瞬间记住很多东西的人也有更好的反应和处理问题的能力。美国俄勒冈大学的科学家爱德华·伏格尔通过实验发现，大脑后顶叶皮质中的一小块区域是人脑的内存条，决定了人的瞬间工作记忆容量的大小。

人脑的“中央处理器”

中国科学家王晓群等人发现了人脑前额叶皮层人类大脑高级功能的关键组成部分，这是人脑的“中央处理器”。从灵长类祖先进化到现代人类的过程中，大脑容量增加了一倍，增加部分则主要体现在前额叶皮层面积的增加上。人类的前额叶皮层占到了大脑皮层总面积的1/3。

从功能上来说，前额叶皮层负责人脑的高级智力活动，对人的思维活动与行为表现有十分突出的作用，是人类思想的重要物质基础，是与智力密切相关的重要脑区。它主要参与完成记忆形成、短期储存以及调取功能、语言功能、认知能力、行为决策、情绪的调节等功能。

王晓群等人发现，在动态发育的人类胚胎前额叶皮层中，主要由神经干细胞、兴奋性神经元、抑制性神经元、星型胶质细胞、少突胶质细胞、小胶质细胞等 6 大类细胞组成。研究团队通过对神经元单细胞转录组数据的系统分析和深度挖掘，还首次揭示了在人类大脑前额叶皮层发育过程中兴奋性神经元生成、迁移和成熟的 3 个关键阶段。

随着各国对人脑研究的重视和投入，人们对人脑的认识也在逐步深入。现在科学家已经能通过对人类大脑进行检测和评估，以确认受测者的大脑是否适合从事某一类型的工作。而另一些科学家受人脑启发，正在研发能同时接收和处理多种信息的脑型计算机。

智博士

探测脑细胞外间隙

大脑并非完全被细胞塞满，而是有很多空隙，这些空隙被称为细胞外间隙。脑细胞外间隙占据活体脑容积的 20%，远超脑血管的容积。细胞外间隙影响着脑细胞的活动，并参与了各种神经系统疾病的发生和发展。为了观察活体脑深部细胞间隙的变化，中国北京大学第三医院韩鸿宾教授等人研发了“脑细胞外间隙探测技术”，通过探测水分子在细胞外间隙的运动规律，实现了对脑细胞外间隙在纳米尺度上的探测和分析。这项技术还有望用于治疗脑细胞外间隙的相关病变。

大脑里的定位导航系统

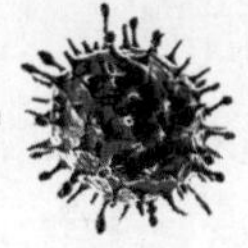

有的人认路能力非常强，有的人却是典型的“路盲”。但是无论认路能力差异有多大，大多数人都能够认识回家的路。科学研究表明，我们的认路能力与大脑中的定位导航系统有关。

大脑如何识别位置

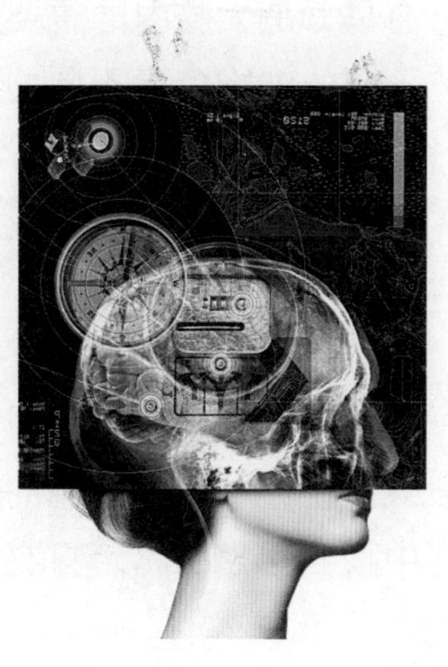

有一些人喜欢饲养人工培育的小鼠，并把它当作宠物，因为小鼠体积小，食量小，养起来比较方便，而且小鼠很聪明，经过训练后可以完成一些独特的任务。基于以上原因，一些科学家也喜欢把小鼠作为研究对象，让小鼠走迷宫是一种常见的研究方法。

美国科学家奥基夫也曾经训练小鼠

走迷宫。他还利用一种特别的手术，在小鼠的大脑里安装了一些微型电极。动物在进行一些日常活动时，大脑中的神经细胞会放电，参与的活动不同，放电的细胞就不同。大脑细胞产生的这些电信号也称神经信号，是大脑指挥身体其他部位时所发出的信号。

奥基夫在小鼠大脑中安装的电极，可以记录大脑细胞活跃时放出的电信号，并把这些电信号发送到记录仪上。结果，奥基夫发现这些小鼠走到一个有特殊标记的位置时，大脑中的一些细胞十分活跃。而到了下一个有特殊标记的位置时，另外一些细胞变得很活跃。

奥基夫认为，小鼠大脑中的这些细胞就是大脑定位导航系统中用于定位的位置细胞；在所有位置细胞的努力合作下，小鼠可以记住迷宫内各个有特殊标记的位置，并利用对这些位置的记忆描绘出一张迷宫地图。由于所有动物的大脑有相似之处，科学家推测人类的大脑里也有位置细胞。

奥基夫进一步研究还发现，小鼠的所有位置细胞都集中在大脑海马体的某个特殊区域。大脑海马体在外形上有些像大海中的海马，是大脑中的重要区域，负责学习和记忆。记忆有很多种，不同的细胞负责不同的记忆，位置细胞负责的就是我们对周围环境空间的记忆。

大脑如何寻找路线

然而，只有用不同位置所绘成的地图还是不够的。如果大脑只能记住一个个不同的位置，我们还是不可能在纵横交错的道路中找到回家的路。只有把这些位置按照合理的顺序连接起来，我们才能找到正确的路线，而不会走冤枉路或迷路。那么，是什么细胞来帮助大脑处理位置细胞所获得的信息呢？

挪威科学家莫索尔夫妇发现，大脑中的定位导航系统还有另外一种细胞，那就是可以记忆和描绘路线的细胞。莫索尔夫妇的研究套路还是让小鼠走迷宫。因为迷宫有许多岔口，如果只记住特殊的位置，记不住岔口处要走的正确方向，那就会进入死胡同，就像我们有时会在十字路口迷路一样。

莫索尔夫妇发现，小鼠经过几次的尝试和学习，居然可以在岔路口判断出正确方向。他们认为，小鼠已经具备了在大脑中描绘正确路线图的能力。显然，这种能力并不来源于位置细胞。电极的测试结果也是如此：小鼠在岔路口选择路线时，大脑活跃的细胞并不在位置细胞所在的海马体，而是在附近一个叫内嗅皮层的区域。

由于这些细胞活跃时放电的图样像网格，莫索尔夫妇没有像他人期待的那样称这些细胞为导航细胞，而是称它们为网格细胞。进一步的研究还发现，网格细胞不仅可以辨别运动的方向，还可以辨别运动的距离、道路的边界。也就是说，网格细胞可以让我们找到一条合理的路线和运动轨迹，让我们既不会迷路，也不会越出路线。

大脑如何定位导航

如果说位置细胞帮我们描绘一张张地图，那么网格细胞则帮我们设计一条条路线。如果说位置细胞帮助我们选择起点、途经点和终点等位置，那么网格细胞则把这些位置串起来，起到规划路线的作用。两者合起来，就构成了我们大脑中的定位

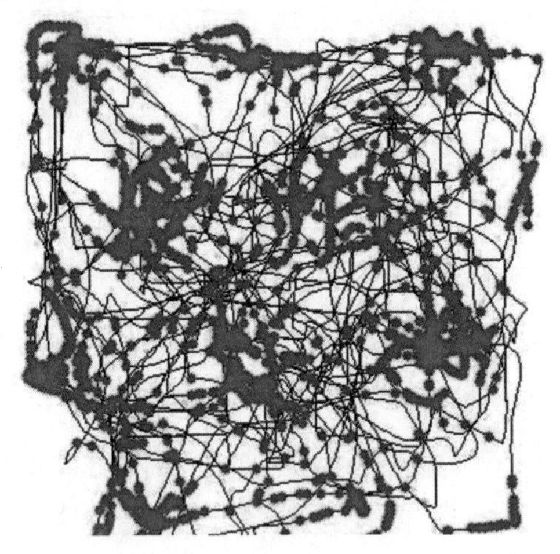

导航系统。

定位导航能力是动物大脑的基本能力之一。如果不具备这样的能力，动物就不能在自然界中主动地参与觅食、社交等活动，动物也就很难由低级向高级进化，人类也就不会出现在地球上。

从位置细胞的发现到网格细胞的发现，曾经相隔了整整 34 年。这是因为思维定式让科学家经历了一次又一次的失败。由于大脑海马体是公认的主管记忆的区域，奥基夫在海马体区发现位置细胞后，科学家总是对着大脑海马体不停地忙活，企图在大脑海马体中再找到识别路线的细胞，结果没有想到谜底就在海马体区域之外的内嗅皮层。

大脑如何做选择

人生中要面临许许多多、大大小小的选择，我们是如何做出选择的呢？中国科学院的脑科学家朱英杰等人发现，大脑存在一个动态评估外界信息重要性的关键脑区——丘脑室旁核。该脑区能够在不同环境和生理状态下评估事件的重要性，从而帮助我们做出恰当选择。这项研究成果，不仅为人们未来研究如何提高大脑的认知和学习能力奠定了重要基础，而且对脑疾病患者的治疗也具有突破性意义。

试管里的定向进化

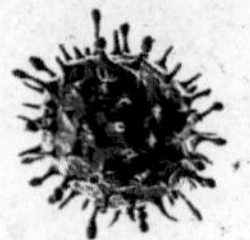

在生命数十亿年的漫长发展历程中，进化起到了至关重要的作用。科学家则希望在实验室里模仿生命的进化方法，实现生物大分子（主要是蛋白质）的快速进化。这种掌控生物分子进化的方法，被称为“定向进化”，也有科学家戏称它为“试管里的定向进化”。

酶的定向进化

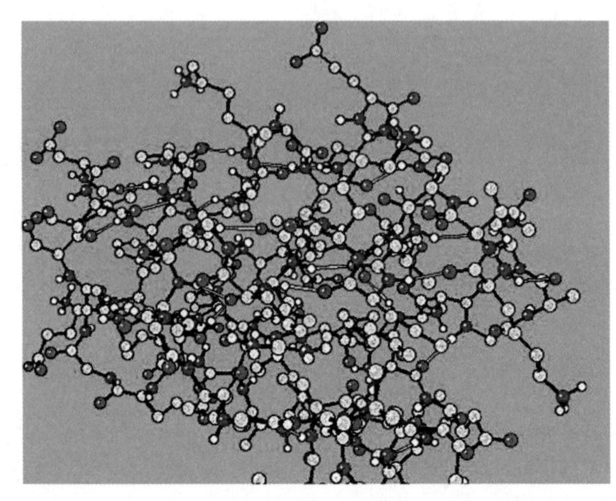

在生物体内的各种蛋白质中，酶是一种重要的蛋白质。就像我们在化学实验中为了加快化学反应的速度而加入的催化剂一样，酶也是一类可以为生物化学反应加速的催化剂。如果没有酶，我们很难进行消化和吸收食物、细胞修复、消炎排毒等生命过程。如果我们失去了酶，生命也就走向了终点。

随着蛋白质工程的蓬勃发展，各种人造酶制品也应用于工业催化。比如，酱油、食醋、酒的生产是在酶的作用下完成的；洗衣粉中加入酶，可以使洗衣效果提高；各种酶制剂在临床上的应用越来越普遍。

绝大多数酶由 20 种不同的氨基酸组成，一个酶可以包含成百上千个氨基酸分子，有无数种可能的排列组合。它们连接成长链，折叠成多种三维结构。要想对如此复杂的结构进行理性设计，似乎有些自不量力。美国生物学家阿诺德打破常规，不以传统的化学方法来设计蛋白质分子，而是借助进化的力量。

进化的本质是基因突变和自然选择。阿诺德则是在实验室中，通过改变微生物培养液中各种化学元素浓度的方法，让可产生酶的微生物发生随机的基因突变，再用合适的方法加以筛选，找出自己所需的目标微生物。利用这些微生物生产自己所需的新品种酶，就可以广泛用于科学研究和工业生产了。

在定向进化实验过程中，如何找到有用的基因突变？这是一个热门的研究课题。我国浙江大学的于洪巍教授在这个领域作出了不少突出贡献。于教授找到一个独特的方法，对合成番茄红素这种药物的关键酶进行了定向进化，大幅提高了目标产物番茄红素的纯度和产量。于教授还将这种方法用到其他酶的定向进化实验中，也取得了不错的成果。

抗体的定向进化

抗体是生物体内能够抵御“外敌”入侵的蛋白质，是生命防线中的重要成员。抗体主要有两类，一类是正常抗体，比如对血型为 A 型的人来说，体内有对抗 B 型血输入的抗体；还有一类是免疫抗体，通常用于抵御有毒有害的致病微生物。科学家研究比较多的大多是可以治病救人的免疫抗体。

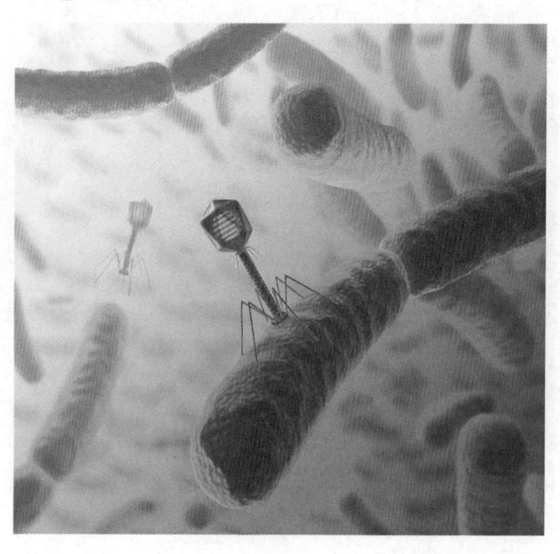

如何才能发现某个基因能否产生新的抗体？科学家一直在找一个“好演员”，希望它能把那些可以产生新抗体的基因很好地展示出来。1985 年，美国科学家史密斯率先发现了这个“好演员”，它就是噬菌体。就像它的名字一样，噬菌体是一种能够感染和吞食细菌的病毒。

我们都知道，基因是生产蛋白质的密码。然而，生物体内的基因数量繁多，过去科学家一直缺乏便捷有效的方法找到生产某个蛋白质的特定基因。为解决这个问题，史密斯在结构极为简单的噬菌体身上找到了灵感。他的巧妙思路是：可将抗体的基因片段插入噬菌体的外壳基因中，随后抗体的基因片段将生产出新的蛋白质，并成为噬菌体外壳蛋白的一部分。这样，就相当于把抗体在噬菌体表面“展示”出来了。因此，科学家把这种独特的技术叫作“噬菌体展示技术”。就像用鱼钩钓鱼一样，噬菌体展示技术能用噬菌体把有用的抗体“钓”出来。

由于噬菌体生命周期短、繁殖速度快，这样就能让科学家快速地找到新抗体。通常只需要两个星期，科学家就能找到某个抗体对应的基因，这让科学家对新抗体的挑选余地就很大。经过30多年的发展和完善，噬菌体展示技术已开始造福人类。这种技术

被广泛应用于抗原抗体库的建立、药物设计、疫苗研究、病原检测、基因治疗等。

定向进化是人类对生命认知的一次重大变革，它将对未来生命产生重大而深远的影响。如果用好这些技术，不但可以让人们的生命家园更加美好，而且可以让我们健康长寿。当然，我们也得警惕定向进化被别有用心之人利用，从而设计出不利于人类的奇特生物，那很可能改变地球生态，给人类带来难以想象的灾难。

智博士

生物可以定向进化吗

定向进化，通常特指在实验室里进行的生物大分子的定向进化。在自然界中，生物的进化本身就是定向的：从低级向高级、从简单到复杂。生物进化的动力是基因突变，然而并非所有基因突变都可以延续下来，只有那些令生物更适合周边环境的基因突变才可以发扬光大，并让生物不断进化。自然界中，生物的进化是一个十分漫长的过程，往往得以百万年为单位来度量进化的历程，而在实验室里对生物大分子的定向进化则比较快速，通常几个星期就可以完成。

破解生命节律的奥秘

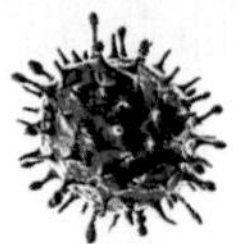

数万年以来，人们日出而作、日落而息。跟随太阳作息，是进化过程中有利于生物生存和繁衍的最优选择。即使在阴雨天，动物和植物也都知道什么时候该活动，什么时候该休息。然而，这种看似司空见惯的现象，它背后的科学原理却不简单。

生物体内的“时钟”

生命节律，有一个我们更为熟知的通俗说法：生物钟。英国医学家拉塞尔·福斯特在《生命的节奏》一书中写道：“在其众多的神奇功能中，最令人称奇的就是它们可以感知时间的特点。从简单的细菌到蠕虫、鸟类，当然也包括我们人类，万物生灵都有生物钟。”

古人很早就知道利用生物钟来确定时间。成语“闻鸡起舞”就是一个例证，人们会通过公鸡打鸣来知晓即将天亮。在很多文

化中，公鸡打鸣都和清晨的到来联系在一起。实验证明，公鸡打鸣是由其内在的生物钟控制的。

然而，生物钟并非由发条或电能来提供动力，也不会发出“滴答滴答”的声响。甚至，我们自己也感受不到身体内生物钟的存在。而且，它并非像钟表那样精确到分秒。所以，科学家更愿意说，生命为了适应昼夜、季节等时间变化而进化出一种内在的节律。

含羞草的节律

全世界首先用科学的实验方法来研究生命节律的人并非生物学家，而是法国的天文学家让·德梅朗。1792 年的夏天，德梅朗

意外发现，含羞草除了被碰触后会合上叶片之外，还会自行在晚上合上叶片，并在白天打开叶片。起初，德梅朗猜测含羞草叶片的开合与光线的刺激有关。

为了验证自己的猜测，他把一盆含羞草放到了一个漆黑的山洞里。结果，“看不到”阳光的含羞草依然我行我素，在外界是白天时打开叶片，在外界是黑夜时合上叶片。他由此得出结论：含羞草内部有一个知晓昼夜变化的节律系统。他根据自己的实验结果，发表了一篇“微博式”论文，整篇论文只有 7 个长句、350 个单词。

破译周期基因

生物的许多功能都是进化的结果，而进化的表现形式就是对基因的改变，生命节律也是如此。说起来似乎很简单，实际上科学家要找到这些基因并非易事，否则世界上就不会有那么多令人束手无策的遗传病了。

20 世纪 70 年代，美国两位科学家——西摩·本泽和他的学生罗纳德·柯诺普卡发现，果蝇体内一些未知基因的突变确实会扰乱其昼夜节律。后来，科学家发现绝大多数生物体内都有这类基因。科学家将这类基因命名为“周期基因”。

在周期基因的作用下，生物体内按各自作息规律生成大量的节律蛋白，让生物知道自己该休息了，于是动物开始睡觉，植物则进行呼吸作用；反之，生物体内的节律蛋白含量因逐渐降解而降低，生物知道自己该活动了，于是动物四处活动、觅食，植物进行光合作用。

随着不断有新的周期基因被发现和研究，驱动生命节律的内在机理逐渐明朗。从果蝇到人，都存在同样一批控制节律的基因。这一系列对基因的研究，不仅阐明了生命节律的调控机制，也对行为学和遗传学领域产生了重大的影响。

生物节律紊乱的猕猴

中国科学院神经科学研究所的科学家孙强等人，通过体细胞克隆技术，成功获得了 5 只基因敲除的克隆猴。这是国际上首次培育的一批遗传背景一致的生物节律紊乱猕猴。这项成果既能满足脑疾病和脑高级认知功能研究的需要，也可应用于新型药物的研发。

由于灵长类动物与人类在生理结构和功能活动上高度相似，它们是研究节律紊乱相关疾病机理和诊治手段理想的动物模型。研究团队利用基因编辑技术，敲除了猴胚胎中的生物节律核心基

因，克隆了一批缺失生物节律核心基因的猴。

成功利用体细胞克隆技术制作出脑疾病模型猴意义重大，这意味着克隆基因编辑猴技术从理论层面迈向了实践层面，它将为人类重大脑疾病的机理研究、早期诊断以及药物研发带来光明的前景。

节律是生命物质适应物质世界基本运动规律的一种生命运动形式，是大自然对生物演化的选择，它赋予了生命以预见和应对自然环境变化的能力。了解和顺应大自然赋予的生命节律，有助于人类获得高质量、更长时间的生命，使我们的生活变得更加愉悦。

智博士

不眠药

如果生物出现了节律基因故障，生命活动就会乱套，生物会因此患上节律性疾病。研究人员试图利用生物节律来更好地治疗人们的疾病。生命节律的研究还有其他一些特殊应用，比如如何能在关键时刻调整节律，降低事故发生率。美国已研发出可以让服用者连续保持 72 小时不睡觉的药物，可在有特殊需要时提高警觉性，增强生命节律。这是一种叫作“夜鹰”的蓝色小药丸，仅限量供应给执行特殊任务的军人或警察。

细胞中的迷你工厂

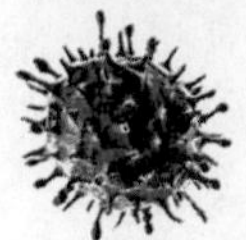

在自然界中，最复杂的事物是生命。每个生命都像一台复杂的机器，每时每刻都在不停地运转着，直到生命消亡的那一刻。生命之所以能长期运行，多亏了那些构成生命的细胞。它们就像一座座迷你工厂，不断地生产着维系生命所需的各种物质。

生产者的绿色工厂

地球上的所有生命形成了一个环环相扣的食物链，其中最简单且最重要的一环是动物靠植物生存。植物是地球上的生产者，而植物细胞生产物质的基本方式

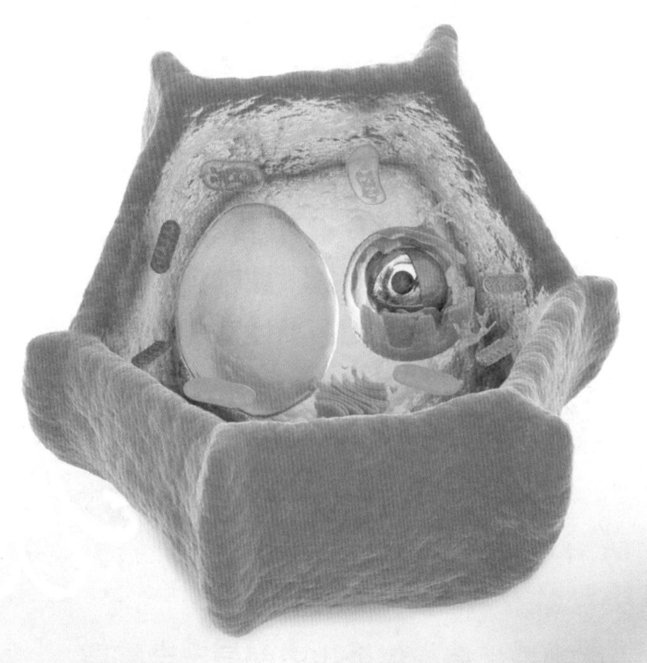

是光合作用。叶片是植物进行光合作用的重要器官，叶片中的细胞则是一个个绿色工厂，而细胞中的叶绿体是进行光合作用的“生产车间”。它们生产时所需的原料是水和二氧化碳，能源是阳光，产品是糖类和氧气。

组成生命的基本有机化合物是糖类、核酸、蛋白质和脂肪。光合作用只生成糖类，其他 3 种有机物质得靠植物的呼吸作用来生产。在进行呼吸作用的过程中，植物消耗糖类以生成醇、酸、酮等中间产物。利用这些中间产物，就可以合成核酸、蛋白质和脂肪。在合成核酸、蛋白质和脂肪的过程中，需要氮、磷、钾等元素，这些营养物质绝大部分得靠植物从土壤中获取。所以，在土壤肥沃的地方，植物才能很好地生长。

植物的绿色工厂不仅为动物提供能源，也能为自己带来好处。在短暂阴雨天或干旱的时候，植物也能正常生长，这是因为它们启用了以往生产的糖类、蛋白质和脂肪，可以保证在几天甚至几十天内不生产也能维持生命。这些物质也有利于它们繁殖后代，在植物的种子中，就有丰富的糖类、蛋白质和脂肪。在植物发芽和幼苗时期，“父母”们为它们储存的这些物质会帮助它们度过最脆弱的时光。

消费者的迷你工厂

地球食物链上的生物主要分为三类：植物是生产者，动物是消费者，一些微生物则是分解者。处于食物链低端的消费者只是食用植物，而高端的消费者除了食用植物外，也吃其他动物，有的消费者则只吃其他动物。所有这些植物性或动物性的食物就是动物细胞中迷你工厂的初级原料。显然，这些原料对细胞来说还是太大了。为了让细胞能够加工这些原料，动物进化出肠胃，把食物加工成细胞可以吸收的小微粒。

消化产生的食物微粒通过胃肠壁进入血液中，血液则负责把它们运输给身体内的所有细胞。细胞工厂有道“大门”，那就是细胞膜。它可以让水分、氧气和营养性小分子进去，而不让有害物质轻易地进入细胞，保障了细胞的安全。细胞膜内充满着液态的细胞质。这是科学家推论生命起源于水的证据之一。细胞中还密布着蛋白质纤维，它们是细胞工厂的“钢架”，它和细胞质、液泡一起支撑细胞，让细胞不会轻易地坍塌。

动物细胞中有许多个重要的生产车间，那就是多个细胞器。一些线状、小杆状或颗粒状的线粒体，是细胞的“动力车间”。线粒体是细胞进行呼吸作用的中心，它能将营养物质氧化从而产生能量，供给细胞其他生理活动的需要。椭球形的核糖体是合成蛋白质的重要基地，有些附着在内质网膜的外表面，有些游离在细胞质基质中。细胞核是细胞的繁殖基地，DNA 在这里生产。溶酶体是细胞的“保卫基地”，其中有囊状小体或小泡，内含多种水解酶，能够分解外来的有害物质，也能消化分解细胞内损坏和衰老的细胞器。

效率惊人的超级细胞

在实际的工农业生产中，科学家还希望找到一些效率较高的细胞，用于满足人们对某些物质的特殊需求。这样的超级细胞有的在自然界中就存在，只需要科学家去发现就可以了。比如，近年来石油资源十分紧张，人们需要一种产油量大的植物来生产生物燃油。微藻细胞的光合作用效率非常高，可直接利用阳光、二氧化碳和含氮、磷等元素的简单营养物质快速生长，并在细胞内合成大量油脂。

而更多的超级细胞则得靠科学家利用生物技术来获得。我们可以把一个细胞看成一台电脑，细胞内部的各个细胞器，就好比电脑内部的主板、内存、硬盘等部件。由于细胞有些像电脑，生物工程师也可以像升级电脑那样来升级细胞，他们把一些具有独特性能的基因元件“装配”到一些细胞中。

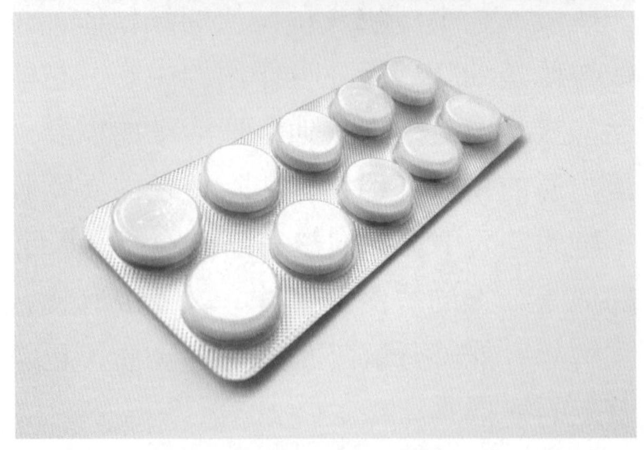

比如，云南农业

大学的科学家张广辉等人，在灯盏花基因组测序的基础上，成功地筛选到了灯盏花素合成途径中的关键酶基因，并在酿酒酵母底盘细胞中成功构建了灯盏乙素全合成的细胞工厂，初步具备了工业化生产的能力。灯盏乙素是药用植物灯盏花的核心药效成分，在治疗缺血性脑血管疾病、脑栓塞和脑出血等方面疗效显著，是治疗心脑血管类疾病的天然药物。

智博士

让细胞赛跑

科学家研究细胞的方法有时还挺有趣。2011 年 12 月，美国细胞生物学会举办了首届细胞运动会，比赛项目为 100 微米短跑。70 名细胞“运动员”参加了这次比赛，结果新加坡国立大学培养的骨髓干细胞获得冠军，成绩为 19 分 12 秒。研究细胞如何运动是非常有意义的，因为它可以用于研究细胞的生理机制。比如，可以了解癌细胞是如何在体内扩散的，从而寻找到抑制癌细胞扩散的方法。

细胞为何要自我吞食

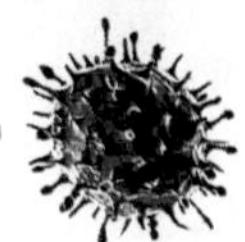

如果我们生活的环境比较肮脏，那么我们就很容易生病，因此，我们需要清除垃圾，一些垃圾甚至可以再利用。同样，如果细胞不能及时清除垃圾，那么细胞就可能产生病变。因此，生物细胞进化出一套可以清理垃圾的回收系统，科学家称之为“自噬系统”。

细胞会“吃掉”内部的垃圾

细胞每时每刻都在进行新陈代谢，在此过程中不可避免会出现一些废弃的或受损的蛋白质、脂肪等大分子和线粒体、高尔基体等细胞器。这些没用的大分子或细胞器在细胞内游荡，必然占据细胞正常分子或细胞器的生存空间，影响到细胞的健康运行。

俗话说，自己酿的苦酒得自己喝。同样，细胞自己产生的垃圾也得自行处理。细胞回收垃圾的方法很奇特，居然是把垃圾

“吃掉”，因此，科学家称这种处理垃圾的方法为“自噬”，表面的意思是“自己吃自己”，而实质是吃掉细胞内产生的垃圾。

我们知道，常年忍饥挨饿的人往往长不胖，那是因为人体在饥饿的状态下会消耗体内的脂肪来获得维持日常活动所需的能量。这大概也算是人体的一种“自噬”行为吧。同样，细胞在饥饿的状态下也会自噬。它们不但把“垃圾”物质“吃掉”，还会把健康的生物大分子和细胞器“吃掉”一部分，以避免细胞被饿死。

最早提出“自噬”这一概念的是比利时科学家克里斯汀·德·迪夫。他通过电子显微镜观察细胞的内部情况时，发现溶酶体是细胞内的一种细胞器，其功能是处理细胞摄入的营养物质并分解较大的颗粒。与此同时，他还发现了细胞的自噬现象，并且在1963年溶酶体国际会议上首先提出了“自噬”这种说法。

细胞“自噬机制”

自从克里斯汀·德·迪夫发现细胞自噬现象以来，人们并不清楚细胞自噬的原理。近十几年来，日本科学家大隅良典才弄清楚了细胞自噬的过程，以及管理细胞自噬的基因。用科学的语言来说，他发现了细胞的“自噬机制”。

大隅良典研究细胞自噬是从酵母的液泡开始的。酵母是一种结构十分简单的生物，它们是全身只有一个细胞的单细胞真菌，在有氧和无氧环境下都能生存。酵母的“营养器官”是液泡，其中储存着细胞内的一些代谢产物、酶类、无机盐类，以及酵母生长发育所必需的一些其他物质。

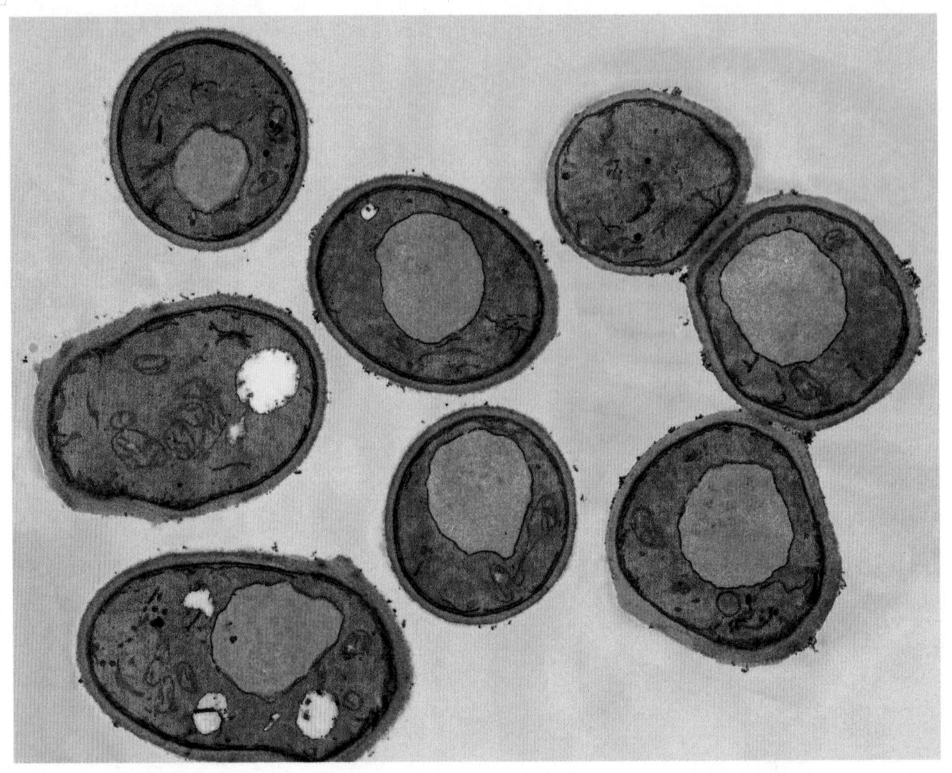

为了弄清酵母液泡内究竟发生了什么，大隅良典用光学显微镜对酵母液泡进行了长时间的观察。有一天，他突然意识到，酵母因缺乏营养而陷入饥饿状态后，会改变细胞内部组织，细胞内的液泡中出现了很多小颗粒。

这些小颗粒是从哪里来的？大隅良典又进行了长时间的观察，结果发现，当酵母处于饥饿状态时，细胞内会出现一些有开口的膜状小球，就如同《吃豆人》游戏中的那个“吃货”一样。这个小球就是自噬小体，它会不断吞噬细胞中的生物大分子和细胞器，“吃饱”后会“闭上嘴巴”（即膜的表面闭合）。

这个小球“吃饱”后会“跑”到液泡表面“张开嘴巴”，它的膜开口和液泡的膜融合起来，形成一个可以交换物质的“小门”。球状自噬小体内的营养物质就通过这扇门进入到液泡内，液泡内的降解酶忙活起来，把这些营养物质转化为酵母日常活动所需的能量。

雾霾让细胞自噬失效

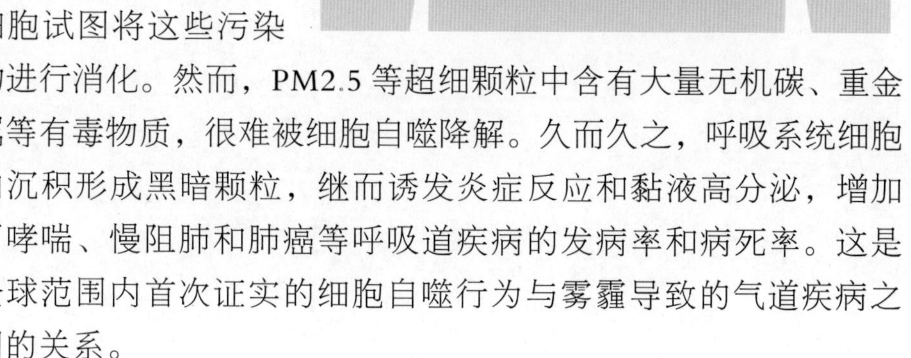

细胞自噬是人体重要的自我保护机制。然而，浙江大学医学院的研究人员沈华浩等人发现，环境污染可能让细胞自噬失效。研究人员已在小鼠等小动物中，成功论证了这一理论。

研究发现，雾霾中的PM2.5等超细颗粒物进入人体呼吸系统后，会被吞进呼吸道中的上皮细胞内，细胞试图将这些污染物进行消化。然而，PM2.5等超细颗粒中含有大量无机碳、重金属等有毒物质，很难被细胞自噬降解。久而久之，呼吸系统细胞内沉积形成黑暗颗粒，继而诱发炎症反应和黏液高分泌，增加了哮喘、慢阻肺和肺癌等呼吸道疾病的发病率和病死率。这是全球范围内首次证实的细胞自噬行为与雾霾导致的气道疾病之间的关系。

线粒体自噬

细胞内的能量加工厂是线粒体这种细胞器，它也有通过自噬帮助生物达成某些目的的能力。西安交通大学的裴丹丹等人发现，在动物骨骼吸收矿物质的过程中，成骨细胞内的线粒体会自噬以帮助骨骼完成这个任务。

线粒体自噬也可能对生物不利。中国科学院的科学家钱友存等人发现，有些细菌会通过诱导巨噬细胞发生线粒体自噬反应，来促进自身的存活，导致细胞内的防御功能大大降低。这项研究成果深化了人们对线粒体自噬生理学功能的理解，为抗感染治疗提供了新的分子靶点和治疗思路。针对线粒体自噬的干预手段，可能对帕金森病、亨廷顿病等神经退行性疾病具有治疗潜力。目前正在进行药理学筛选，已证实一些合成的和天然的化合物可以调节线粒体自噬。

细胞内的“快递员”

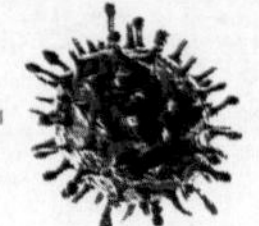

在电子商务高度发达的今天，快递员穿梭在各地的大街小巷中运送商品。在我们体内，也存在着“快递员”，它的学名叫“囊泡”，它们在细胞内忙忙碌碌地运输各种物质。

细胞内的运输系统

生物体内的细胞就像一个个小型的工厂，它们不但会吸收各种营养物质，还会生成人体所需的化学物质，也产生一些废弃物。血液就像人体内的“长途运输公司”，把细胞产生的物质运输到全身各处。然而，这些物质不能直接从细胞内到达血液中，它们得靠一个叫“囊

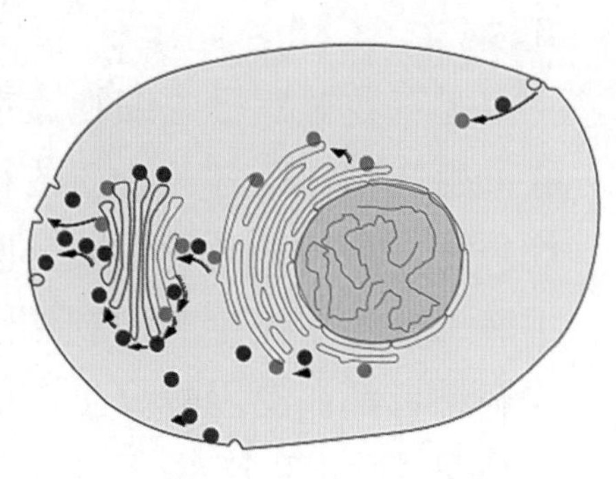

泡”的“快递员”来帮忙运送。

这些承担细胞内物质定向运输的囊泡，至少有 10 种以上的类型。囊泡运输的物质包括胰岛素、激素、生物酶、神经递质等重要的生物大分子。囊泡“潜伏”在细胞膜附近，在细胞器间来回穿梭，或者与细胞外膜融合，把细胞内生产的物质运输到细胞外。在细胞这个繁忙的“工厂”中，不计其数的囊泡通过将细胞本身产生或从外面进来的一些分子与物质包裹起来进行传送，以满足生命活动的需要。

囊泡的基因秘密

长期以来，囊泡一直被视为细胞运输系统的关键部分。但是，囊泡如何到达正确的目的地，如何与细胞器或细胞膜融合以传递分子“货物”呢？

美国科学家谢克曼发现了囊泡的基因秘密，这就从基因层面上为了解细胞中囊泡运输的精准机制提供了新线索。谢克曼用酵母作为模型系统，研究其遗传基础。他发现，由于某些基因的变化，会导致囊泡堆积在细胞的特定部位，造成类似“交通拥堵”的现象。通过逐步定位这些基因，他发现了三类调节囊泡运输的基因。

谢克曼对酵母中细胞运输系统的研究，让人们深入地了解了酵母生产和转运各种物质的精确机制，他的成果极大地促进了现代生物、制药工业的发展。谢克曼的研究结果使生物产业得以利用酵母分泌系统生产和制作医药产品和工业酶。如今，全球的糖尿病患者都在使用酵母生产的胰岛素，世界上绝大部分乙肝疫苗也是通过酵母生产的。

囊泡“开门”的秘密

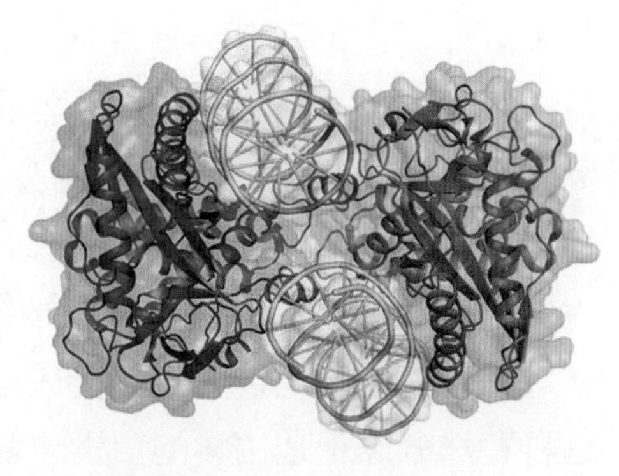

美国科学家罗斯曼发现了囊泡“开门”的秘密，即发现了囊泡与细胞膜结合的秘密。他认为，那是一种蛋白质复合物在起作用，可令囊泡基座与其目标细胞膜融合。

罗斯曼最初是学物理的，后来转向分子生物学，正是两个学科的学习经历为他日后的研究打下了深厚的基础。当罗斯曼开始研究细胞运输体系时，没人确切地知道细胞是如何创造并维持如此复杂的信息运输系统的。罗斯曼决定融合物理学和分子生物学的研究方法，在实验室中创造一个无细胞的模拟系统，把囊泡运输体系中的各个环节在实验室中重现，当时很多科学家都觉得根本不可能在细胞外将这些环节独立出来。

但是他做到了，而且有了许多惊人的发现。他发现了一种蛋白质复合物，它能使囊泡与目标细胞膜进行对接和融合。囊泡膜与目标细胞膜上特定的蛋白质发生结合，囊泡便找到了自己的“送货地址”。这个过程，就像快递员和顾客联络的过程。在融合过程中，囊泡和目标细胞膜上的蛋白质以拉链的方式相结合。这个过程，就如同快递员敲门、顾客开门的过程。

囊泡“投递”物质的秘密

两位美国科学家的研究给囊泡和细胞膜的融合机制提供了基本的解释，但囊泡融合是如何被精确控制的？科学家祖德霍夫很好地解释了这个问题，他发现了囊泡“投递”物质的秘密。

祖德霍夫最初是学习医学的，后来才转到分子生物学的研究，所以他历来对寻找疾病的分子机制有着更大的兴趣。因此，他把囊泡的运输活动放在特定的身体部位——大脑去研究，因为大脑中的囊泡出错会导致许多神经性疾病的发生。

祖德霍夫发现，大脑中传递信息的物质被称为“神经递质”，这种特殊分子正是由囊泡负责运输至神经细胞的细胞膜上的，并能在准确的时机释放出来。他还发现了脑细胞是怎样感知到钙离子的，并将此信号转换成囊泡中分子的形式，囊泡会在适当时机释放“信号物质”以传递信号。这个过程，就如同快递员确定投递时间的过程。

智博士

囊泡如何锚定细胞膜

在囊泡和细胞膜实现融合之前，囊泡需要被特定的分子机制识别并拉拽靠近细胞膜，这一“拉近”的过程被科学家称为“锚定”。清华大学的科学家王宏伟等人，在细胞囊泡转运调控机制领域取得突破进展。他们解析了囊泡转运蛋白复合体的结构及其装配方式，并提出了一种囊泡锚定细胞膜的调控假说。他们认为，蛋白复合体通过不同亚基与细胞内的囊泡和细胞膜分别作用，把囊泡拴系到细胞膜，并促进其融合，这个过程最终使囊泡转运的货物融合到细胞膜上或分泌到细胞外，从而影响一系列的重要细胞活动，包括细胞生长、细胞间通信等。

细胞返老还童的“钥匙”

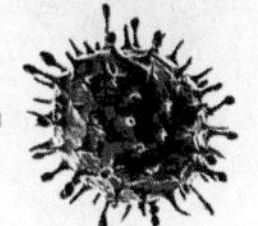

返老还童是人类长久以来的夙愿，因为返老还童就意味着能长生不老。然而遗憾的是，人类至今没有发现返老还童的方法。科学家们把视线转向了组成我们身体的细胞，他们发现可以人工调控这些细胞，让细胞“返老还童”。

“嫁接”细胞核

让细胞返老还童，用科学的语言描述，就是让发育成熟的细胞重新回到胚胎时期的多能干细胞阶段，这个过程也被称为“为细胞重新编程”。英国生物学家约翰·戈登和日本科学家山中伸弥在这个领域作出了突出贡献。

戈登让细胞“返老还童”的方法是克隆。克隆的英文 clone 起源于希腊文 Klone，原意是指以无性繁殖或营养繁殖的方式培育植物，如扦插和嫁接。了解了这个原意，我们就能很好地理解

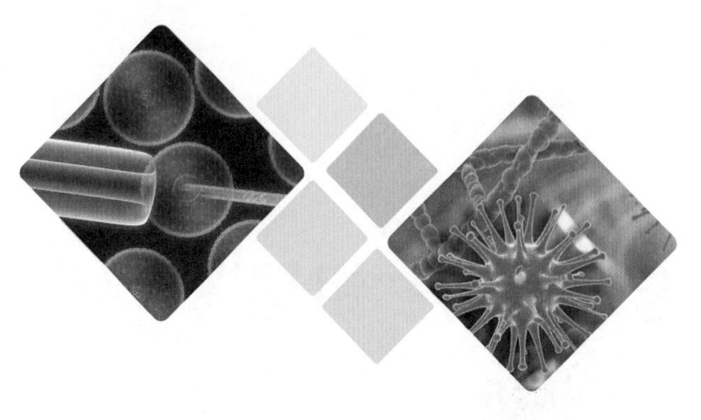

戈登教授所做的细胞克隆了。

1962 年，戈登把青蛙的肠道细胞提取出来，采用特殊的技术“挖出”其中的细胞核。接着，他把青蛙的卵细胞提取出来，“挖掉”其中的细胞核。然后，戈登把肠道细胞的细胞核“嫁接”到“挖掉”了细胞核的卵细胞中。

这个过程看似小孩子过家家，操作起来却有相当的难度。这个看似简单的实验也带来了令人意想不到的结果，被“嫁接”到卵细胞中的肠道细胞的细胞核居然开始“长枝添叶”了。也就是说，这个本来已经“成年”的细胞核“返老还童”，开始重新生长发育了。这个“成年”细胞核像卵细胞的细胞核一样开始不断分裂，最终发育成一只健康的蝌蚪。

戈登的实验震惊了科学界，不少科学家的第一反应认为这是个玩笑，或者是伪造了实验数据。为什么科学家会怀疑戈登的实验结果呢？因为按照传统生物学的观点，成年的体细胞是不能再分化的。

然而，当更多的科学家重复戈登的实验后，他们发现这个“不可能的实验”居然是可行的。在科学的发展史中，有不少勇于打破常规思维，甚至进行逆向思维的科学家，他们最终获得了意想不到的成果，也推动了科学的进步，戈登就是这些勇于创新的科学家之一。

戈登的研究证明，成年体细胞的 DNA 中仍然储存有动物体完整的遗传信息，只是这些信息在成年后被关闭了。当细胞核被“嫁接”到卵细胞中时，关闭的遗传之门被卵细胞中的特殊化学物质打开了，沉睡的基因被唤醒，新的生命开始发育。

诱导多能干细胞

山中伸弥教授让细胞“返老还童”所采取的方法是诱导。从前面的叙述中我们已经知道，成年体细胞并非没有发育成其他细胞的本事，而是缺乏开启基因大门的钥匙。戈登找到了其中一把钥匙，那就是去核卵细胞。而山中伸弥找到了另一把钥匙，那就是一段特殊的基因。

山中伸弥把这段特殊的基因注入体细胞后，这段基因就会诱导细胞核中的 DNA 进行忙碌的复制工作，最终分化出多种多样的细胞。

此时，时间已经指向了 2006 年，距离戈登发现第一把“钥匙”的时间已经过了 44 年了。

山中伸弥所发现的具有重新分化功能的细胞被称为“诱导多能干细胞”。其实，他的研究直接受益于戈登。山中伸弥阅读了戈登研究的有关文献，认为既然卵细胞可以开启体细胞的遗传之门，那么卵细胞中必然有一些物质充当了“钥匙”的功能。于是，他对去核卵细胞的基因进行筛选，首先找到了 24 个疑似基因，最终确定了 4 个基因在起作用。他将其称为“多能性因子”，而科学界将其称为“典型山中因子”。

此时，我们可以发现，原来山中伸弥所找到的钥匙其实和戈登发现的钥匙在本质上是同一把钥匙，只是戈登的那把钥匙有了无核卵细胞这个“钥匙包”而已。有人不禁要发问了，第一个问题，既然两人找到的实质上是同一把钥匙，为何去掉那个“钥匙包”花了44年；第二个问题，既然戈登已经把体细胞转化为多能干细胞了，山中伸弥再去掉那个“钥匙包”是画蛇添足吗？

首先回答第一个问题。在科学的征程中，有的相关成果是接连发现，有的成果再进一步可能需要几十年甚至几百年的时间。要把卵细胞中的多能性因子提取出来，这在2000年之前是不太可能的，因为那时的基因技术难以支撑这样的研究。

接着回答第二个问题。包括戈登在内的研究克隆的科学家不断遭遇道德和伦理的困境，因为不断有人指责这些科学家犯下了“谋杀罪”。如果这种研究用于人类研究，从某种意义上讲的确是用胎儿在做实验；如果实验中途提取其多能干细胞进行研究，让胚胎停止发育，就有了“谋杀胎儿”之嫌疑。而山中伸弥直接用多能性因子去诱导体细胞，让它直接转化为多能干细胞，绕开了伦理所难以宽容的胚胎问题。

智博士

化学小分子诱导多能干细胞

为将体细胞诱导为多能干细胞，帮助人类了解细胞“返老还童”的奥秘，各国科学家都在努力开发新方法。中国科学院的科学家裴端卿等人，开发了简单、高效、标准化制备干细胞的化学方法，仅需给细胞采用两种不同的“药水”依次“洗澡”，便可以将体细胞“返老还童”到干细胞的状态。这一方法将多能干细胞诱导效率从1%提升到4%，且所需的初始细胞量少。更重要的是，可以实现多种体细胞类型的“返老还童”，包括在体外极难培养的肝细胞。

超分辨率显微镜

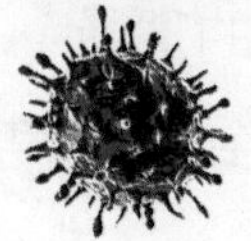

如果能清楚了解生物分子在细胞内的活动情况，我们就有可能想办法成为自己命运的主宰，减少疾病和死亡对我们的困扰。要“看清”这些活生生的生物分子，仅仅靠人类的眼睛是不行的，得借助科学家研制的“视力超常”的超分辨率显微镜。

光波的限制

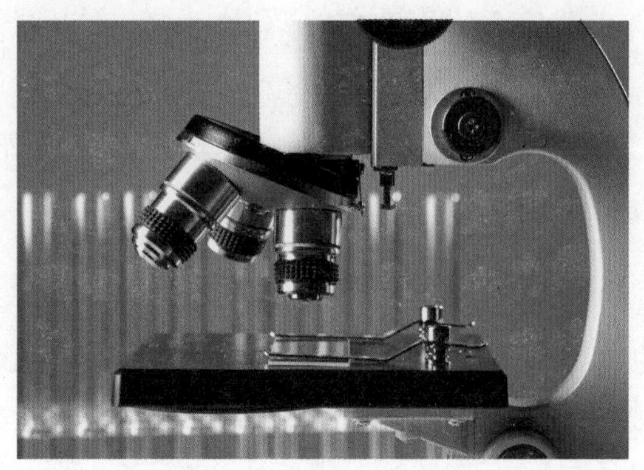

早在公元前 1 世纪，人们就已发现通过球形透明物体去观察微小物体时可以使其放大成像。1665 年前后，英国生物学家胡克发明了光学显微镜，比较类似我们现在学校实验室里用的光学显

微镜，并通过这台显微镜看到了软木中网格状的结构，胡克称之为“细胞”。这是人类历史上伟大的发现之一，大大推动了生物学的发展。

自从显微镜被发明以来，科学家就不断对它进行改进，期待获得更大的放大倍数和更高的分辨率，这样就能透过细胞膜看到细胞内部的构造。1873 年，德国显微镜学家恩斯特·阿贝通过计算发现，由于光波相互干扰的原因，光学显微镜不能无限度地放大微小物质，最多只能“看到”长度为光波波长一半的物质，即尺寸不超过 200 纳米的物质。这就是有名的“阿贝原则”，200 纳米也被称为光学显微镜的“阿贝极限”。

“阿贝原则”公布之后，科学家们感到十分沮丧，因为分子和原子的尺寸大多在 200 纳米以下。也就是说，光学显微镜似乎难以“看到”分子和原子所在的纳米世界了。因此，科学家们开始发明多种电子显微镜。这些显微镜居然可以看到最小尺寸为 0.2 纳米的原子，远超光学显微镜的分辨率。

让分子发光

正当电子显微镜热火朝天地大展身手的时候，光学显微镜只能躲在实验室的角落里，默默地忍受被科学家冷落的命运。难道光学显微镜真的就这样变成“过气明星”了吗？事实是，分子生物学的发展给光学显微镜带来了新的机遇。

分子生物学家很快就发现，在物理学和化学研究中得心应手的电子显微镜，到了分子生物学研究中往往有些“水土不服”。因为电子显微镜不能研究活物，它们必须把细胞“残忍地杀死”后才能进行观察。这样一来，生物学家就难以研究分子在活细胞中的正常活动了。

那么，如何才能研究活细胞中的生物分子呢？科学家还真想到了一个新思路，那就是不再用外来的光源观察细胞，而是让细胞中的分子自身发出荧光。美国科学家莫纳采用从他的老师、华裔科学家钱永健那里学来的方法：把水母的荧光基因转移到其他动物体内，培育出可以让细胞中的生物分子发光的转基因动物。

为何发出荧光的生物分子就可以让光学显微镜突破极限呢？因为在周围环境黑暗的情况下，显微镜就可以看到细胞中发光的分子。有一个很好的类比可以说明这个问题：在明亮的白天，我们很难看到几百米外的一盏灯泡；如果是在漆黑的夜晚，这盏灯泡亮起来之后，我们就可以看到它了。

分子“拼图”

和莫纳一样，美国科学家贝齐格也是一直希望突破阿贝极限。当得知莫纳和赫尔已经解决了这个问题后，他提出了如何才能看到一个细胞同一区域内更多的生物分子这一课题，并提出了分子“拼图”的思路。这个思路就是用显微镜对发出不同颜色荧光的生物分子进行分别照相，最后将不同颜色的照片进行重叠。

1995 年，贝齐格在一本杂志上发表了阐述他初步想法的文章。真正的突破发生在 2005 年，当他了解到莫纳能随意控制荧光蛋白的发光后，贝齐格意识到荧光蛋白的这种特征能帮助他实现 10 年前的想法。这些荧光分子不必发射不同颜色，它们只需要在不同时间发射荧光就能解决问题。只用了一年时间，贝齐格就实现了这项技术，从而获得突破。

近年来，中国相关领域的研究人员也开始把目光投向了更加先进的超高分辨率光学显微镜。据了解，中国的一些科研单位，比如浙江大学、中国科学院苏州医工所等，正在进行超分辨率光学成像技术的研究工作。可喜的是，我国在超分辨率荧光显微镜研制方面也取得新突破。通过采用独特的分子设计，我国华中科技大学的朱明强等人研发了一种超级荧光分子开关，制作出具有超级光敏感和应用潜力的全光晶体管，这对我国研制新型超分辨率荧光显微镜意义重大。

智博士

精准护理和治疗

随着超分辨率光学显微镜的推广和应用，医学专家将可以对人们的身体进行精准护理和治疗。未来，医学专家可以发现我们身体中的哪些细胞的哪些分子出了问题，然后有针对性地在这些区域施放药物。举例来说，我们因为细胞的凋亡而生病、衰老或死亡。细胞凋亡有很多原因，其中有一个涉及细胞色素C分子。如果我们可以通过超分辨率光学显微镜来监测细胞色素C分子在细胞中的活动，那么我们就可以想办法来控制它的活动，以此减缓或消除细胞凋亡的历程。

与病原体作战

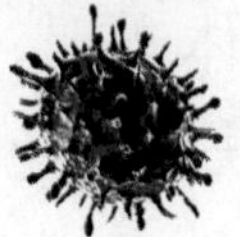

我们都生活在同一片蓝天下，依靠水、大气和各种食物生存着。没有谁能完全生活在纯净的环境里，我们身边处处隐藏着危险，肉眼难辨的病原体就是潜在的威胁之一，这些病原体包括病菌、病毒和寄生虫。当然，我们的身体对这些可恶的小家伙并非束手无策，每个人的体内都有一道抵御病原体入侵的“城墙”，这道城墙就是免疫系统。

人体内的两道防线

人体对付入侵的病原体也是有多道防线的，每道防线里有多种“武器”。病原体侵入人体首先遇到的就是守卫人体健康大门的“哨兵”，它们可以发现和识别入侵的病原体，并竭力阻止这些病原体的入侵。这是“先天性免疫”机制在起作用，也就是免疫系统的第一道防线。

先天性免疫是人类在长期的进化过程中逐渐建立起来的天然防御能力，它受遗传因素控制，具有相对的稳定性。先天性免疫对各种病原体感染均具有一定程度的抵抗作用，但是先天性免疫是以防范为主，一般情况下杀伤力也较弱，也没有专杀某种病原体的特性。先天性免疫通常包括皮肤、黏膜和胎盘的屏障作用，吞噬细胞的吞噬作用，体液对寄生虫的杀伤作用等。

如果“哨兵”们被病原体击退，那么一些更加强大勇猛的“斗士”就要登场了。这是获得性免疫在起作用，是人体免疫系统的第二道防线。我们从小就有打各种预防针（即注射疫苗）的经历。这样做的科学道理就是，让免疫系统可以在需要时不断产生针对病原体的抗体，从而获得对某些疾病具有获得性免疫的能力。

获得性免疫是个体出生后，在生活过程中与病原体作斗争所获得的免疫防御功能。这种免疫功能是在出生后才形成，并且只对接触过的病原体有作用，故也称后天获得性免疫或特异性免疫。获得性免疫所产生的抗体具有特异性，只能抵抗同一种病原体的重复感染，且不能遗传，但是它们对病原体的杀伤力很强。

第一道免疫防线

美国医学专家博伊特勒和法国生物学家霍夫曼发现了免疫系统的第一道防线，也就是先天性免疫系统是如何起作用的。

霍夫曼曾经“残忍”地对饲养的果蝇进行核辐射，让果蝇的基因快速突变。研究结果表明，果蝇体内一种名为 Toll 的基因发生突变后，它们就难以抵抗病原体，很容易病死。霍夫曼把 Toll 基因比作免疫系统的传感器。当感受到病原体侵入时，这个基因能激活细胞内的信号通道，从而产生能够抵抗病原体的多肽。

如果说霍夫曼是发现了免疫系统的“传感器”，那么博伊特勒的功劳则是发现了免疫系统的“感应器”。这个“感应器”是能够结合细菌脂多糖（Lipopolysaccharides）的受体蛋白分子，被称为“LPS受体”。当病原体入侵时，细菌脂多糖与相关的受体结合，我们的身体才能接收到病原体已经入侵的信号，然后启动细胞的先天性免疫防线，并引发身体局部发炎，吸引来更多的免疫细胞对付病原体。

第一道防线能力不足会引发先天性免疫缺陷症，已经明确的先天性免疫缺陷病种类达到150多种，在遗传性疾病中属于高发病率疾病，发病率约达到1/5000。目前，我国已经能开展基因水平的先天性免疫缺陷病诊断。2015年，上海市儿童医学中心经过长达近四年的随访证实，22岁的先天性免疫缺陷症患者吴敏捷自身免疫系统已成功重建，他成为中国内地首位通过造血干细胞移植治疗被治愈的先天性免疫缺陷症的患者。

第二道免疫防线

加拿大医学专家斯坦曼发现了免疫系统的第二道防线是如何起作用的。斯塔曼曾发现人体内有一种树突细胞，像树杈一样有很多分支，在人体容易被入侵的地方如鼻腔、肺部和肠腔的黏膜以及皮肤等地方最为常见。树突细胞虽然个头小，但是行动敏捷，一旦发现入侵者，就会奋不顾身进行攻击。

树突细胞的“记性”也很好，它能记住入侵过人体的病原体，并把相应的信号传递给免疫系统，引导淋巴细胞的数量和形状发生改变，将再次入侵的病原体迅速杀灭在萌芽状态。这就是人们在患过某些疾病后，不会再次发病的原因。所以，人们称这种免疫为“获得性免疫”，表明人体是在后天获得了对这种疾病的免疫能力。

徐安龙教授领导的研究团队在起源于6亿年前的文昌鱼的免疫系统内发现了一个“活化石分子”，有助于人们更好地理解免疫系统第二道防线的发生机制。从免疫学的大视野看，该发现将获得性免疫的起源由脊椎动物推前到无脊椎动物文昌鱼，由此向前推进了1亿年，这将改写现行免疫学教科书关于获得性免疫起源的观点。

智博士

过敏是免疫类疾病

由于种种原因，人体的免疫系统有时不能正常发挥保护作用，此时会因免疫失调引发疾病。第一类是免疫缺陷病，是由于机体免疫功能不足或缺乏而引起的。第二类是自身免疫病，这是由于免疫系统异常敏感，将自身物质当作外来异物进行攻击引起的。第三类是过敏反应，这是免疫系统的过度反应，会把正常无害的物质误认为有害的东西，此时会产生组织损伤或功能紊乱。引起过敏反应的物质称为过敏原，常见的如花粉、牛奶、花生等。

健康长寿从细胞开始

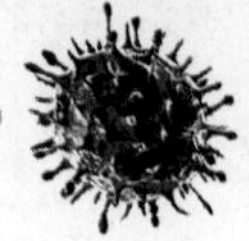

细胞是生物体基本的结构和功能单位，它也有生老病死的过程。当我们体内的一些关键细胞出问题时，我们会生病。如果这些关键细胞大批老化甚至“死亡”时，我们也不得不面临死亡的威胁。为了让人类的寿命更长一些，一些科学家正在想办法从细胞角度解决这个问题。

细胞决定寿命

一个人究竟能活多久？科学研究发现，哺乳动物的寿命是其细胞分裂次数与细胞周期的乘积。细胞周期是可再生细胞从准备时期到分裂为两个细胞的一个循环阶段。人体细胞自胚胎开始分裂 50 次以上，细胞周期平均为 2.4 年，因此人的自然寿命应为 120 岁左右。然而，在我们的现实生活中，很少有人能活到 120 岁。连百岁老人都很稀罕，更别说 120 岁了。

这是因为我们生活在一个“危机四伏”的环境里，不断有各种病原体、环境污染、机械伤害、不良生活方式在毒害着我们体内的细胞，使之不断加速老化或死亡。比如癌细胞，癌细胞原本是健康细胞，它们是在环境污染、有毒物质等因素的诱导下才“变坏”的。癌细胞的可怕之处不仅仅在于它“叛变”，还因为它可以快速分裂，在几年甚至几个月的时间内就演变成一个大的恶性肿瘤，最终影响正常器官的功能而夺去人们的生命。

改造细胞

从上面的分析我们可以发现，如果能够让细胞更强一些，即

使人类无法实现长生不老，也可以活得更长一些。甚至有不少科学家表示，通过改造细胞，人类不但有望将自然寿命延长到120岁，甚至可以超越自然寿命，通常的观点是人类有望活到150岁。

在修复衰老或损伤器官的过程中，干细胞的作用尤为关键。然而，人们在成年之后，体内干细胞的数量大大减少，功能也减弱。利用干细胞技术为人们合理“补充”干细胞，就可以再造多种正常的甚至更年轻的组织器官。这种再造组织器官的新医疗技术，将使任何人都能用上自己或他人的干细胞和干细胞衍生的新组织器官，来替代病变或衰老的组织器官。

除了“补充”干细胞外，利用药物也可以直接延缓细胞的衰老。美国科学家把两种在体细胞中发现的化学物质给老鼠吃，结果老鼠的大脑细胞变得“年轻强壮”了一些，它们不仅在解决问题和记忆测试中表现更佳，而且行动也更加轻松和充满活力。

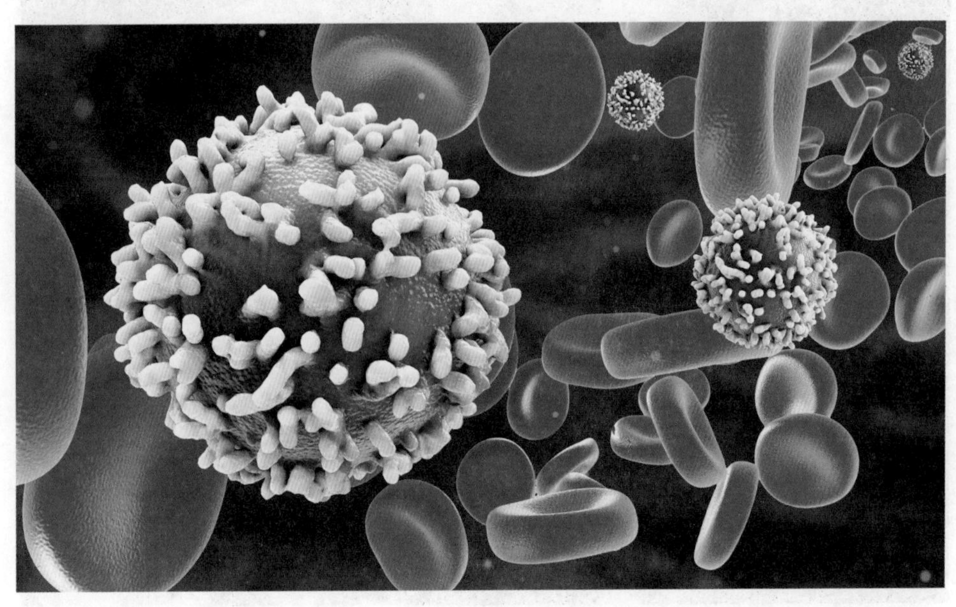

英国科学家正在进行一项使用甲状腺素延长寿命的研究计划。他们通过先前的实验已经证明，新陈代谢率高的老鼠比较长寿。现在，他们希望借助甲状腺素增强新陈代谢，把对细胞组织有害的自由基清除出体内，以达到延长寿命的作用。

细胞自噬延缓衰老

中国科学院昆明动物研究所研究人员肖富辉等人，对 76 名海南百岁老人和 95 名百岁老人的亲属进行了 RNA 测序分析，发现这些百岁老人的细胞自噬功能比一般人强。该研究团队从长寿老人身上筛选出 4 个特别的基因，这 4 个基因的功能强化后可以增强细胞的自噬功能，并延缓细胞衰老。

这个研究团队还发现，通过饥饿诱导的方法可以增强细胞的

自噬功能，把在衰老过程中产生的损伤和有害物质消化掉，并利用降解产生的物质进行代谢利用，释放出能量维持机体生存。不过，他们也提醒，可不能盲目地为了健康长寿而不吃饭，在保证生物体必需的营养成分的前提下，限制摄入的总热量是一种不错的选择。

智博士

长寿药方

俄罗斯科学家安纳托利亚·布鲁斯科瓦等人宣布，他们可能找到了长寿药方。这种药方藏在遥远的西伯利亚冰川中，解开长寿密码的是一种在冰川中冻结了数千年的古老细菌——F 杆菌。他们提取了细菌中的长寿物质注射到老鼠体内，结果发现老鼠不但活力十足，而且肌肉也更发达了，平均寿命也有显著延长。研究人员表示，如果这种药物对人类有效，利用这种细菌可以轻易令人活到 100 岁以上，不少人甚至可以活到 140 岁以上。研究人员甚至想好了一句幽默的广告词：想长寿，挖冰川。

神奇的干细胞

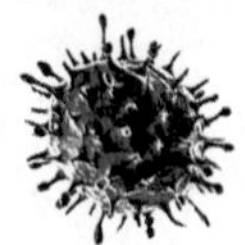

随着人类对干细胞的深入研究，像癌症和心脏病这样让人恐惧的疾病，将会变得不堪一击。据科学家预测，到21世纪末，由于干细胞研究等生物医学研究领域不断出现重大成果，给人类的健康带来了巨大的益处，人类普遍的寿命有望超过百岁。

戏剧性的开端

干细胞为人们所熟知，不是因为它那些神奇的功能和用途，而是因为干细胞研究可能导致克隆人的出现。这在伦理道德上引起了不小的争议，再加上新闻媒体的炒作和影视剧频频将克隆人搬上荧屏，这个高深的研究领域就这样被公众关注起来。

基于舆论的压力，各国政府不得不表态：第一，政府禁止克隆人的研究；第二，大多政府不从财政支出中拨款支持人类胚胎干细胞的研究，但是他们同时表示，也不反对私人资助胚胎干细胞的研究；第三，对克隆动物的研究持谨慎态度，不少国家会予以资助。

经历了这些波折之后，科学家对干细胞的研究也开始谨慎起来，纷纷转移了科研方向，对克隆生命的研究减少了，大多开始了器官移植和疾病治疗的研究，这些新的研究课题使得人类直接受益。

三类干细胞

所谓干细胞，就是在生命的成长和发育中起“主干”作用的细胞，就如同建筑中钢筋泥沙这样的基本材料。干细胞被称为“神奇的种子”，它们可以分化成各种类型的细胞。

干细胞分三类：全能干细胞、多能干细胞和专能干细胞。所谓全能干细胞，就是它可以分化成人体的各种细胞，这些分化出的细胞构成人体的各种组织和器官，最终发育成一个完整的人。

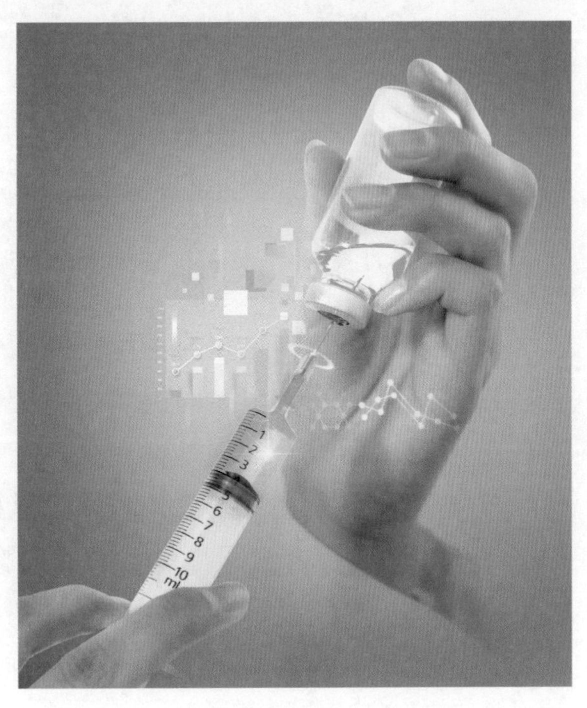

全能干细胞在进一步的分化中，形成各种多能干细胞，这些多能干细胞不再具有分化成所有细胞的能力。这时的细胞分为外层细胞和内层细胞，外层细胞会

继续发育形成胎盘和其他对发育过程至关重要的组织，内层细胞团将会发育成人体的所有器官。

多能干细胞进一步分化成专能干细胞，专能干细胞只能分化成某一类型的细胞，比如神经干细胞，可以分化成各类神经细胞；造血干细胞，可以分化成红细胞、白细胞等各类血细胞。

干细胞的作用

因为干细胞具有上述特殊能力，科学家希望利用干细胞治疗癌症、糖尿病、心脏病、帕金森病等疑难杂症。未来，干细胞还将用于治疗骨折、大脑损伤、类风湿性关节炎、瘫痪、牙病、整形手术、视力障碍等。

癌症可以说是人类健康的最大杀手。癌症的类型很多，而且大多数缺乏有效的治疗手段。以白血病为例，其主要特征是骨髓中的白细胞大量积聚，使正常的造血功能受到抑制。一旦发病，白血病患者很难找到合适的捐献者。而采用干细胞疗法，患者可以从自己的身体里提取干细胞，大量培养后再输回来，从而消灭已经癌变的白细胞，用健康细胞替换它们。

青光眼是全世界主要的不可逆致盲性眼病。青光眼病因复杂且有遗传倾向，其中小梁网组织起重要调控作用。干细胞移植修复或替换受损小梁网细胞是青光眼治疗的新方向。我国哈尔滨医科大学附属第一医院蒋鑫等人，成功从牛胎的眼球中分离出小梁网干细胞，为治疗青光眼提供可靠的细胞来源。

我国同济大学医学院左为等人，利用成年人体肺干细胞移植技术，在临床上成功实现了人类肺脏再生。他们从患者的支气管中刷取出几十个干细胞，在体外培养扩增数千万倍之后，被移植到患者肺部的病变部位，几个月后，这些干细胞逐渐形成了新的肺泡和支气管结构，进而完成了对患者肺部损伤组织的修复。

智博士

让盲人获得光明

美国盲人作家海伦·凯勒写过一本名著《假如给我三天光明》，这本书讲述了盲人对光明的渴望。或许再过 20 年，不少盲人就可能在干细胞技术的帮助下获得光明，而且不是“三天的光明”，是长期的光明。美国先进细胞技术公司的罗伯特·兰扎等人，已成功应用人类胚胎干细胞恢复了实验盲鼠的视力，将应用干细胞的再生医疗研究向前推进了一步。研究人员发现，如果实验盲鼠在出生 21 天后植入视网膜色素上皮细胞，它们在 40 天至 70 天内就可以逐步恢复视力。

给抗癌“尖兵”松绑

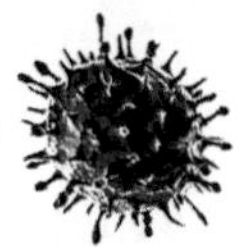

包括人体在内的各种生命体都有一套完备的免疫系统，科学家发现，在遭遇癌症侵袭时，我们身体内的免疫系统会出现“束手束脚”的情况，T细胞（一种免疫细胞）、白细胞这些抗癌“尖兵”并不能发挥各自的作用。这些阻碍免疫系统抗敌步伐的“坏家伙”是谁？我们该怎样对付它们呢？

抗癌“尖兵”遭遇捆绑

癌细胞是个坏家伙，但它们曾经也是健康的细胞，在遭受了各种刺激后“变坏”的。它们不但丧失了正常的生理机能，还挤占健康细胞的生存空间，而且癌细胞比健康细胞的分化速度快得

多，最终失去控制，甚至向身体其他部位转移，导致人体因出现单个或多个关键器官衰竭而死亡。

我们不是还有对付坏家伙的免疫系统嘛，为什么没能拦住癌细胞呢？癌细胞很凶猛，免疫系统常常因斗不过它们而溃败。科学家还发现，癌细胞不但很凶猛，还很狡猾。一些癌细胞会在一些特殊的化学物质的掩护和协助下大举进攻人体。这些化学物质像强力胶水那样黏在免疫细胞上，让免疫系统内的抗癌“尖兵”（T 细胞、白细胞等）如同遭受捆绑一样动弹不得，它们被分子生物学家称为“免疫负调控因子”。因此，科学家认为，治疗癌症时，与激活免疫系统相比，给免疫系统松绑效果可能更好。

发现癌细胞的“帮凶”

20 世纪 60 年代，研究人员从胸腺中鉴定出一类免疫细胞，命名为“T 细胞”。后来证实这些 T 细胞是负责对癌细胞的监视和杀伤的。1987 年，法国的一个研究小组从激活 T 细胞中发现了一种 CTLA-4 分子（一种白细胞分化抗原），并推测其具有免疫激活作用。

1992 年，美国科学家艾利森等人发现，抑制 CTLA-4 活性，T 细胞活性不降反升。因此，艾利森认为，CTLA-4 并非 T 细胞杀死癌细胞的助手，反而是捆绑 T 细胞的“胶水”。

在发现 CTLA-4 的作用之后，艾利森设想，如果清除人体内的部分 CTLA-4，那么 T 细胞受到的束缚是否会被解除，进而全力对抗癌细胞呢？随后，艾利森和合作者利用小鼠进行实验，开发出针对 CTLA-4 的抗体。

1994 年 12 月初，他们开展了第一次实验。让他们兴奋的是，第二次实验和第一次实验同样有效。研究结果证实他的设想是正确的，并逐步发展成可应用于人体的新疗法。这一重大发现于 1996 年正式发表，开启了癌症治疗新时代。

如果 T 细胞遭遇的阻碍只有 CTLA-4 的话，那么人类治愈癌症的前景将十分乐观。然而，人体不幸遭遇的癌症有 100 多种，因此癌细胞的“帮凶”可不止 CTLA-4 这一个。日本科学家本庶佑发现了捆绑 T 细胞的另一种“胶水”——PD-1（一种免疫抑制分子）。

PD-1 的行为和 CLTA-4 有所不同，CTLA-4 主要在 T 细胞外围发挥调控作用，因此抑制 CTLA-4 对肿瘤治疗效果的提升有限；而 PD-1 则主要影响癌细胞周围的 T 细胞，这就意味着通过抑制 PD-1 来治疗癌症的效果更为理想。

福建医科大学的陈列平教授则发现，在癌细胞上有一个 PD-1 的结合子 PD-L1，当 PD-1 和 PD-L1 结合时，本来应该“吃掉”癌细胞的免疫细胞，就会动弹不得，不再攻击癌细胞。这样，癌细胞得以不断增加。这就是“免疫耐受型”癌症的发病机理。世界上约五分之一左右的癌症属于免疫耐受型，如果研发出对应抗体，阻断 PD-1 和 PD-L1 之间的信息传达通道，免疫细胞就能够恢复活力，对癌细胞展开攻击。

癌症治疗的重大突破

全球每年新增 1800 万癌症患者，有 960 万人因此而死亡，给免疫细胞松绑的癌症新疗法给人类带来了新的希望。消除 CTLA-4、PD-1 等“胶水”的影响，就相当于是在给抗癌“尖兵”松绑。这类增强免疫系统的疗法被称为“癌症免疫疗法”，它有望一改目前主要依靠放射疗法、化学药剂疗法、手术治疗等让患者饱受痛苦的治疗方法的局面，让人类可以依靠自身的免疫能力更加坚强地去对抗癌症。

癌症免疫疗法是近几十年来癌症治疗领域最大的突破之一，一定程度上被看作癌症治疗的一场革命。癌症免疫疗法之所以有效，是因为人体有一套精密的获得性免疫系统，它可以凭借微小的变化来识别肿瘤细胞。

在约5亿年前，脊椎动物进化出了获得性免疫系统。由于它能提高生物对抗传染病的能力，而在物竞天择的进化过程中被保留下来。获得性免疫系统的出现或许只源于进化过程中一次偶然的基因突变，它发生的概率小得惊人。考虑到这一点，我们人类真该为自己感到庆幸。

智博士

打针治疗癌症

我们知道，打预防针（注射疫苗）可以预防传染病。其实癌症也可以通过注射疫苗的方式来进行治疗。注射疫苗之后，人们可以利用自身的免疫系统来寻找和破坏无处不在的癌细胞。与针对麻疹和流感的灭活性病毒疫苗不同的是，癌症需要的是“治疗性疫苗”，因为它是用于治疗已存在的肿瘤而不是预防疾病。然而，我们仍可利用免疫系统在特异性和记忆方面的能力，实现特异性消灭癌细胞的目的。

骇人的新型病原体

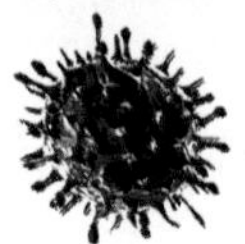

在医学尚不发达的年代，对于新发现的一些不明原因的疾病，人们统称为“怪病”。现代医学研究表明，这些怪病大多是由病原体（包括病菌和病毒）引发的。而其中的新型病原体非常可怕，一是因为人类的免疫系统不认识它们而不能及时抵御，二是因为科学家要找到对付新型病原体的方法需要一定的时间，在这段时间内往往会造成大范围的伤亡。

诺如病毒：病毒界的“法拉利”

多年来，诺如病毒感染性腹泻在全世界范围内均有流行，并且全年均可发生感染。诺如病毒是导致急性肠胃炎最常见的病原体之一，人一生之中可多次被感染。感染者发病突然，主要症状为恶心、呕吐、发热、腹痛和腹泻等。

诺如病毒是食源性病毒，可在人、牛、鼠等体内寄生并繁殖，可通过人畜排泄物污染水源、食物、物品等途径传播，也可以通过气溶胶（如雾霾、烟尘等）在人和人之间传播。诺如病毒传染性极强，一旦有人感染，通常会发展为群体性的大规模传染事件。

诺如病毒的存活能力强，可耐受的 pH 范围为 2 ~ 9，在 60℃下加热 30 分钟仍具有活性，在低温下能够存活数年。美国病毒学家伊恩·古德费洛研究诺如病毒 10 年，称其为“病毒界的法拉利”，是“人类最具传染性的病毒之一”。全球每年有数以百万计的人感染诺如病毒，但目前尚无特效的抗病毒药物。

MERS 病毒：类似 SARS 的新型冠状病毒

MERS 病毒的中文全称为“中东呼吸综合征冠状病毒”，与赫赫有名的 SARS 病毒（严重急性呼吸道综合征病毒，在我国曾经被俗称为“非典”病毒）同属冠状病毒。MERS 病毒虽然比 SARS 病毒传播能力弱，但致死率更高。

这种病毒会和呼吸道中的一种特殊蛋白质结合，以它们为“登陆点”附着到呼吸道细胞上，随之进一步侵入和感染人体。患者通常的症状是急性呼吸道感染，并伴随急性肾衰竭。近年来，这种病毒已经导致数百人感染和死亡。2015 年 5 月 29 日，广东惠州出现首例输入性 MERS 确诊病例。

禽流感病毒：病毒界的“改装达人”

禽流感病毒并不是近年来才发现的新型病毒，但是因为它们具有变异快且相互加装基因的特点，因此不时会有新型禽流感病毒出现。最初的禽流感病毒一般只感染禽类，当病毒在复制过程中发生基因重配，致使结构发生改变，就会获得感染人的能力。

有些追求驾驶乐趣的人往往会对自己的爱车进行改装，不少禽流感病毒也有这个“爱好”，它们喜欢从其他禽流感病毒那里获得一些基因来改装自己，H10N8 禽流感病毒就是这样出现的。江西省南昌市曾经有一名 73 岁女性患者因禽流感死亡，研究人员化验出其体内的病毒为新型 H10N8 禽流感病毒。H10N8 病毒从 H9N2 禽流感病毒中获取了 6 种基因并重新组合，可对人类肺部深层组织造成感染，进而在人体内迅速复制。

人感染 H10N8 禽流感是通过直接接触禽类或其排泄物污染的物品、环境而被感染的。人感染禽流感病毒主要表现为高热、咳嗽、流涕、肌痛等，多数伴有严重的肺炎，严重者会因心、肾等多种脏器衰竭导致死亡，病死率很高。

交叉组装病毒：不知是敌是友

科学家在研究病毒的时候会经常使用计算机重建病毒的模

型。最近，有科学家利用“交叉组装”软件重建了一种新病毒，这种病毒也因此而得名。这是一种由来已久的病毒，约50%的人体内都有这种病毒，说不定在你我的体内就有这种病毒，但是科学家最近才发现这种病毒。

之所以很长时间没有发现这种病毒，是因为它并不攻击人体的组织或器官，而是吞噬生活在人体肠道内的细菌。人体肠道内有一些有益菌，也有一些有害菌，科学家尚不清楚交叉组装病毒究竟攻击哪种细菌。如果它吞噬有益菌，那它就是人类的敌人。如果它吞噬有害菌，那它则是难得一见的“好病毒”。如果人们证实了它“好病毒”的身份，则会改口叫它“噬菌体”。

超级病菌：人类几乎无药可用

近年来，医药专家所面对的最棘手的问题之一就是“超级病菌”，即对一种或多种抗生素具有耐药性的微生物，其中既包括稀有病原体，也包括一些非常常见和危险的病原体，比如金黄色葡萄球菌和克雷白氏肺炎杆菌。科学家认为，最容易滋生这些微生物的地方是医院和用抗生素加快肉畜生长的农场。

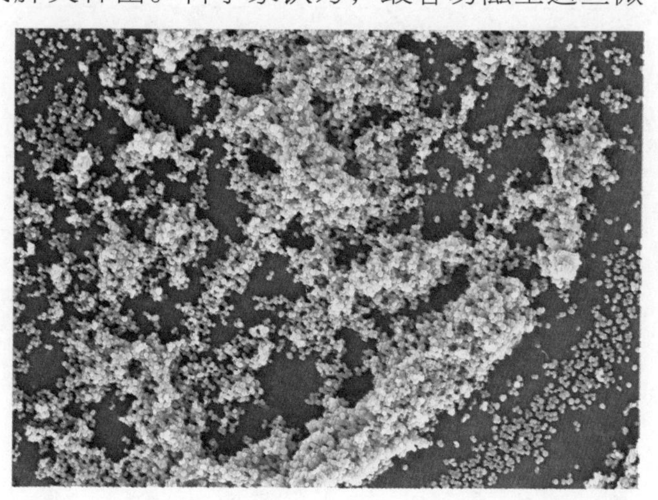

在所有超级病菌中，让人特别担忧的是耐碳青霉烯类肠杆菌科细菌，它又被称为“噩梦细菌”。根据美国

疾病控制和预防中心的数据，这类细菌不仅对多种抗生素具有耐药性，而且非常致命，高达 50% 的感染者会死亡。

世界卫生组织曾发表了抗生素耐药“重点病原体”清单，呼吁各国科学家研究与开发新型抗耐药菌药物。2018 年，同济大学的科学家安毛毛等人发明了一种对抗超级耐药病菌的药物，这是一种单克隆抗体药物。

智博士

可怕的流感病毒

在人类发明流感疫苗之前，曾发生过多次大规模的流感疫情。每次流感大爆发都会导致几百万人丧生，1918 年的“西班牙流感”更是夺走了据传约 5000 万人的生命。

在人体免疫系统遭遇的病毒中，流感病毒是最为常见的一种。流感病毒还经常发生基因突变，每次变异都会让科学家花很大的精力去对付它们。目前，流感病毒有 200 种左右。流感病毒品种的多样性，让医药学家很难发明一种万能的感冒药。

寨卡病毒与小头婴儿

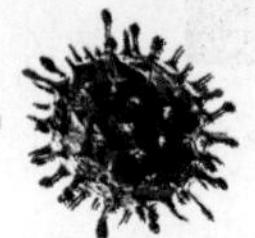

2013年以来，全球许多国家发生了寨卡病毒病的流行和爆发，有很多婴儿因感染寨卡病毒而罹患小头症，对其一生都造成了不可挽回的伤害。在大规模爆发前，寨卡病毒被普遍认为对人类的危害可能仅比发烧和皮疹的症状稍微严重一些，因此并未作为科学家的重点研究对象。这次的爆发确实出乎大部分人的意料。寨卡病毒究竟是何方“怪物”？它为什么能让婴儿的头变小呢？

寨卡病毒来自哪里

就像埃博拉病毒是因其被发现于非洲埃博拉河流域而得名一样，寨卡病毒中的“寨卡”正是它的“籍贯”。寨卡是非洲一片丛林的名字，位于乌干达。1947年，研究人员在乌干达监测黄热病时，无意间发现寨卡丛林里的猴子体内有一种新的病毒。研究

人员将它命名为“寨卡病毒”。1952年，研究人员发现，在乌干达和坦桑尼亚的一些患者体内出现了寨卡病毒。

寨卡病毒存在于患者的血液中，因此人们不可能因接触患者体表而感染寨卡病毒。寨卡病毒主要是通过蚊子叮咬传播的，而且是由伊蚊传播的。伊蚊，即大家熟知的“花蚊子”，是蚊科中最大的属，有近1000种，中国就有100余种。可以说，哪里有伊蚊，哪里就可能潜伏着寨卡病毒。尤其是容易滋生蚊子的热带和温带地区，寨卡病毒病出现的风险最大。

这种病毒十分微小，呈球形，直径只有40纳米，肉眼难见，普通光学显微镜也观察不到，一般得通过电子显微镜才能观察到这种病毒的本来“面貌”。

寨卡病毒侵袭婴儿

2015年，寨卡病毒在巴西爆发。从2015年5月开始，巴西就有数千个小头婴儿出生，医学专家称之为“小头畸形”。这些婴儿为何头颅比常人小呢？研究人员通过仪器检测发现，这些婴儿的部分脑组织出现了萎缩的情况。医学专家表示，这种损伤是永久性的，靠目前的医学手段很难治愈。也就是说，这些孩子长大后也有一颗小于普通人的头。

为什么寨卡病毒会让婴儿的头颅变小？是因为在小头婴儿出生之前，他们的妈妈就感染了寨卡病毒。寨卡病毒的活动能力比一般病毒要强，能够穿过一般病毒难以穿过的胎盘，进入胎儿的体内。寨卡病毒通过血液循环进入胎儿的头部，“啃噬”胎儿柔嫩的头部组织，让胎儿的头颅不能正常长大。他们出生之后，头部也难以正常发育，这会导致他们的头部功能不及常人，出现记忆力衰退、学习困难、语言和听力障碍、运动不协调、癫痫等症状。

人类在出生之后头颅已经较为坚硬，寨卡病毒难以在那里“安营扎寨”，所以除胎儿之外，我们不必担心会因感染寨卡病毒而头部变小。当然，这并非说寨卡病毒不可怕，它们也可以入侵我们身体的许多部位，导致我们出现发烧、关节疼痛、结膜炎、头痛、皮肤病等病症。

不过，与埃博拉病毒、登革热病毒等相比，寨卡病毒的危害要小得多。首先，感染了寨卡病毒不一定会发病。据统计，寨卡病毒感染者只有20%～25%会出现病症。也就是说4～5个人感染了寨卡病毒，只有1个人会出现症状。而且这种病危害相对较小，大多数患者可以在2～7天内痊愈，真正需要住院的很少，病情严重甚至死亡的患者非常罕见。

寨卡病毒的幕后推手

蚊子是如何把寨卡病毒传播给人类的呢？中国科学家发现，蚊子传播寨卡病毒的载体是蚊子的唾液。中国科学院昆明动物研究所的科学家赖仞等人发现，埃及伊蚊吸血时，唾液中的免疫抑制毒素蛋白（LTRIN）会变多。免疫抑制毒素蛋白就是专门负责“堵路”的，负责把人体免疫系统的信号通路堵住，造成人体被吸血部位的免疫力低下，从而帮助寨卡病毒通过免疫关卡，打通了寨卡病毒四处“流窜作案”的道路。

清华大学张林琦教授等人利用电镜了解了寨卡病毒的结构，并利用其结构发现了一种对付寨卡病毒的有效抗体。目前，他们正在全力推进单克隆抗体的生产和工艺开发，为研发高效寨卡病毒预防和治疗抗体药物，有效阻断寨卡病毒在我国和世界的传播作出努力。

随着科学家们越来越多地掌握寨卡病毒及其“幕后推手”的资料，相信寨卡病毒这个“流窜犯”在不久的将来也会被“绳之以法”。赖仞等人已发现，用对付免疫抑制毒素蛋白的抗体处理过的小鼠能够抵抗蚊子叮咬导致的寨卡病毒感染。这为寨卡病毒感染的防控提供了依据，将来小头畸形儿的出生率就有望减少啦。

智博士

如何预防寨卡病毒

目前，寨卡病毒疫苗的研制已取得了初步成果，但还未被广泛推广使用。因此，预防寨卡病毒现阶段要以自我保护为主。如何才能自我保护呢？自然是要避免被蚊虫叮咬，因为蚊子可能携带别的动物的病毒，其中包括寨卡病毒。我们的家里和周边环境要尽量保持清洁，不给蚊子滋生的环境。如果出门在外，尽量穿长袖长裤的服装，减少身体裸露的部位。如果万一不小心去了寨卡病毒病暴发的疫区，回来后要是出现相关症状，需及时去医院治疗。如果从疫区回来两个星期没有相关症状，一般就不大可能发病了。

让病毒快速现原形

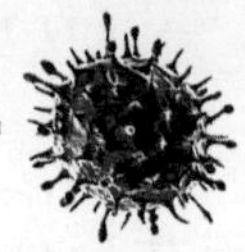

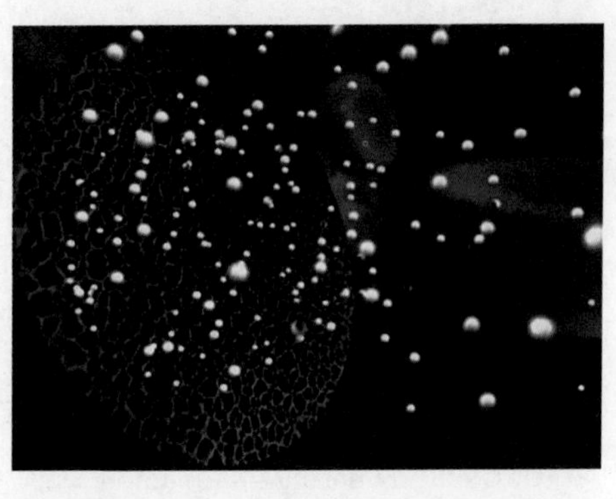

每个人一生中都会经历许多次体检，每次体检都应该特别重视血液检测数据，因为血液是病毒的聚集地。然而，传统的验血手段需血量大、速度慢，而且结果也不够精确。随着基因科技、纳米技术、微电子技术的发展，一些更精确、更快速的病毒检测手段出现了，少量目前已经投入到日常的医学检测中，或许在不久以后，这些高科技检测仪器就能走进普通人的生活中了，也就能更好地避免传染病的伤害了。

根据电流探测病毒

晶体管是手机、电脑等电子产品里一种常见的元器件，现在的晶体管尺寸已经能做到纳米这一尺寸级别了。美国哈佛大学的里贝尔等人发现，可以用纳米晶体管去探测流行性感冒病毒。在这些晶体管表面涂有一层具有生物活性的抗体，病毒则经由很细小的通道被导引至晶体管内。当抗体“感受”到病毒从旁边经过时，就会发出“抵御外敌入侵”的信号，这会改变晶体管中的电流。不同的病毒让抗体的“感受”不一样，电流的变化也会不一样，科学家由此可以判断出经过晶体管的病毒的种类。

利用基因芯片分离病毒

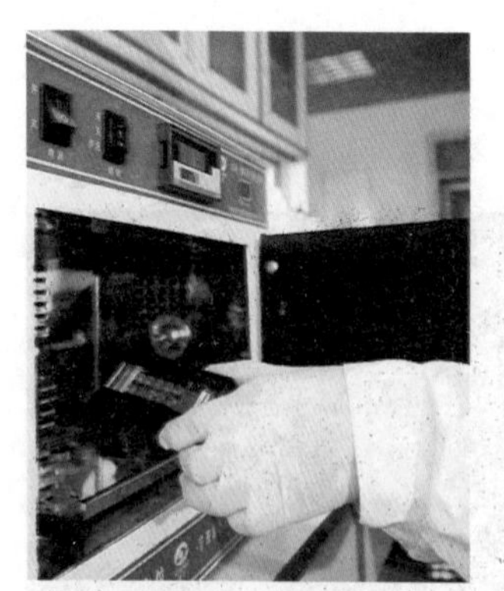

科学家使用传统的检测方法，要检测出病毒通常需要几天甚至更长的时间。而日本科学家开发出特殊的基因芯片，只需 20 秒钟就能检测出病毒，为迅速诊断一些传染病开辟了道路。

这种新检测手段是先将一滴血滴在试管中，再通过特殊的方法分离出其中的基因碎片，包含体积稍大的人类基因碎片和病毒基因碎片。再将处理过的血液滴到基因芯片上，病毒基因碎片因尺寸小而率先经过芯片，而人类基因碎片尺寸较大，通过时速度缓慢。科学家通过分析这些基因碎片通过的时间，就可以确定血液中含有哪些病毒。

建立病原体筛查体系

复旦大学张永振教授带领的研究团队，利用宏转录组学技术建立了能筛查各类病毒的病原体筛查体系。该筛查体系的建立，为他们探索病毒打造了一个高灵敏度的“探测器”，帮助他们寻找已知与未知的病毒。在近年来的研究中，该团队在我国的陆地、江河、湖泊、海洋等环境中，采集到了186种脊椎动物标本，借助他们独创的病毒探测器，从这些脊椎动物中发现了近2000多种全新的病毒，其中包括曾经难以探测的214种RNA病毒。

根据质量分析病毒种类

每种病毒的质量是不一样的，如果能称出每种病毒的质量，制作一个病毒质量标准表，只要测出某个病毒的质量，再和标准表对照，就能判断这个病毒的种类。美国康奈尔大学的克雷格等人设计出一个可以测量质量小至1阿克（100亿分之一克）的纳米机电器件，可以用于称取病毒粒子的质量，并通过质量的差异确定病毒的种类。该器件的灵敏度很高，只需要几个病毒粒子就可以快速地称量并作出鉴定。

倾听病毒的“声音”

英国剑桥大学的科学家研究出一种新技术，能够通过倾听病毒从特殊装置上飞出时产生的声音来检测病毒的类型。科学家首先在晶体表面涂上抗体，再释放出病毒与抗体分子结合，然后施加电压使晶体进行快速振动。随着电压的升高，晶体振动得越来越快，病毒与抗体之间的结合会因此而断裂，病毒就从晶体表面飞出，同时发出微小的声音。科学家通过监听病毒飞出时的声音，就能够确定病毒的类型。

通过抗体查病毒

人和动物在感染病毒后，身体会立即启动免疫系统，产生一些阻止病毒蔓延的抗体。因此，不少研究人员希望通过检测抗体，间接地检测病毒是否存在以及浓度。根据这个思路，日本研究人员开发出一种仅需 15 分钟用肉眼就可确诊病毒感染的新技术，可以快速确诊传染病。他们研制出一种白色混浊的试剂，其中含有能与抗体发生反应的特殊蛋白质。将这种试剂与血液混合，如果被检测血液中存在抗体，就会发生沉淀现象，研究人员通过肉眼就可以判断人和动物是否已感染病毒。

智博士

寻找病毒潜伏的位置

我们的身体里或多或少都潜伏着一些病毒，是威胁我们健康的“不定时炸弹”。只有先找到这些病毒潜伏的位置，才能准确地消灭它们。美国哈佛医学院的科学家发现，将磁性纳米微粒注射到人体血液中，能够让暗藏在我们体内的病毒显现出来。原来，病毒遭遇到这些磁性纳米微粒后，就会牢牢地缠住这些微粒，让越来越多的微粒停下前进的脚步。科学家通过仪器能扫描到这些纳米微粒的聚集区，那里就是病毒潜伏的巢穴。研究人员称，纳米颗粒已经成功地在血液样本中检测出引起唇疹的疱疹病毒，以及引起感冒的腺病毒。

把人体器官“种”出来

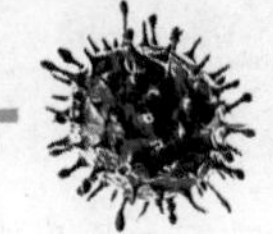

由于先天或后天的原因，一些人会缺失某个器官，还有一些人因为器官病变而在病痛中度完余生。善良的科学家们正在为解决人们的痛苦而努力工作着，越来越多的人造器官的研究获得成功。在不久的将来，换一个正常而健康的器官不再是科幻小说中的情节了。

“种植”膀胱

美国科学家已经在实验室中成功培育出膀胱组织，并顺利移植到 7 名患者体内。研究人员首先做手术切除患者膀胱的不良组织，从中分离出肌肉和膀胱壁细胞。然后，他们将这些细胞置于实验室中膀胱形的支架上进行 7 个星期的繁殖，使细胞数量从几万个增加到约 150 亿个。然后研究人员通过外科手术将得到的膀胱组织与患者原有膀胱的剩余部分缝合到一起。

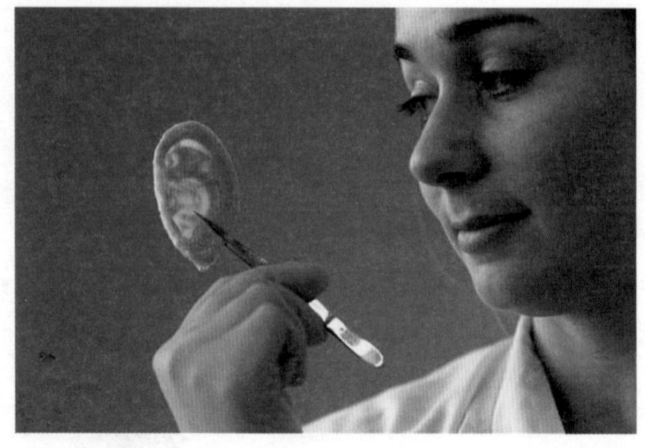

通俗地讲，那些“制造”人造膀胱、心脏、肝脏等器官的生物学家就像建筑师一样，他们首先制定构建某种组织或器官的设计图，并按照图纸要求制备一种特殊的骨架，这种骨架要具有降解特性，降解后对人体无害，并能给细胞提供生长场所。

生物学家将人体细胞“种”在骨架上，并提供合适的生长因子，让细胞分泌出建造组织或器官所需的细胞间质，就犹如让细胞在骨架上逐渐长出“墙壁”“地板”“天花板”一样，最后作为骨架的生物材料在细胞培育过程中，逐渐降解、消失。这样，人造的组织或器官的建造便大功告成。

三种人造器官

现在的人造器官主要有三种：机械性人造器官、半机械性半生物性人造器官、生物性人造器官。

机械性人造器官是完全用没有生物活性的高分子材料仿造一个器官，并借助电池作为器官的动力。例如，日本政府推行一项被称为“人体建筑”的用纳米技术开发人造器官的计划。研究人员首先要研制能和人类感觉器官相媲美的传感器，把这些传感器制成薄膜状或纤维状植入人体并通过神经与脑相连，就能处理大量信息。目前，研究人员已经利用纳米技术研制出

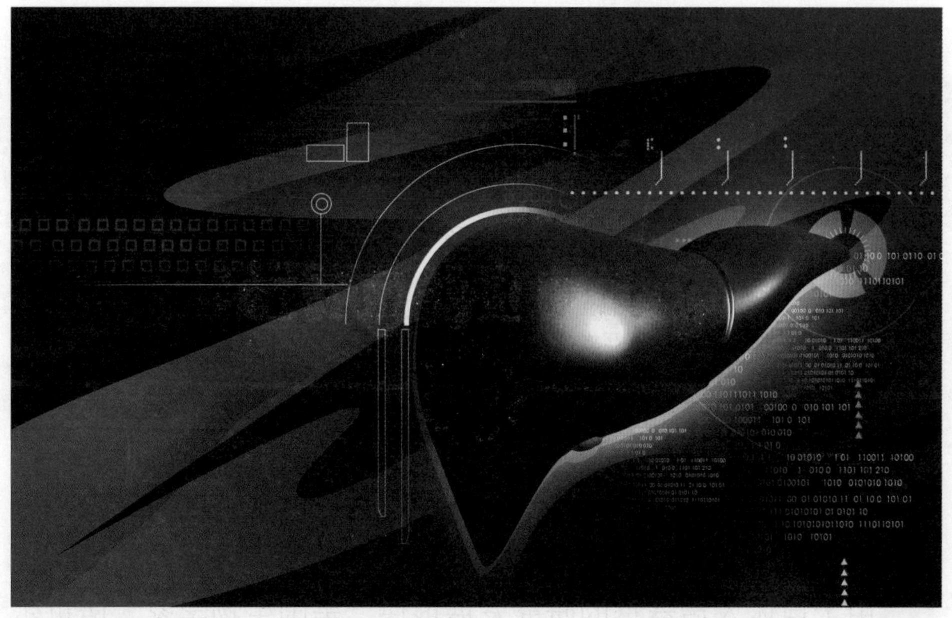

人造皮肤和血管。

半机械性半生物性人造器官是将电子技术与生物技术结合起来。在德国，多个已经肝功能衰竭的患者接受了人造肝脏的移植，这种由匹兹堡大学开发出的复杂人造肝脏是电子技术在医学前沿的一次开创性的应用，它将人体活组织、人造组织、芯片和微型马达奇妙地组合在一起，既非传统的人体器官，亦非纯粹的机器。

生物性人造器官则是利用生物工程学的一些最新成果，利用动物或人类身上的细胞或组织，“制造”出一些具有生物活性的器官或组织。生物性人造器官又分为异体人造器官和自体人造器官。比如，在猪、老鼠、狗等身上培育人体器官的试验已经获得成功。而自体人造器官是利用患者自身的细胞或组织来培育人体器官，比如上文中提到的人造膀胱就属于自体人造器官。

机械性人造器官、半机械性半生物性人造器官和异体人造器官都有一个共同的缺陷，就是在移植后会让患者产生排斥反应，所以这三种方法都不是长久之计，人造器官研究最终的目标是患者都能用上自体人造器官。

50 年内培育出所有人体器官

自体人造器官的研究虽然仅有十多年的时间，但由于其重大的科学意义、巨大的临床应用前景、潜在的开发价值，世界各国的科学家、企业家，甚至政府都十分重视这个领域的研究。目前，科学家们正对数十种自体人造器官进行着深入的研究，部分已经取得突破性的进展。

由于自体人造器官的研究发展很快，美国生物学家、诺贝尔奖获得者吉尔伯特认为：“用不了 50 年，人类将能够用生物工程

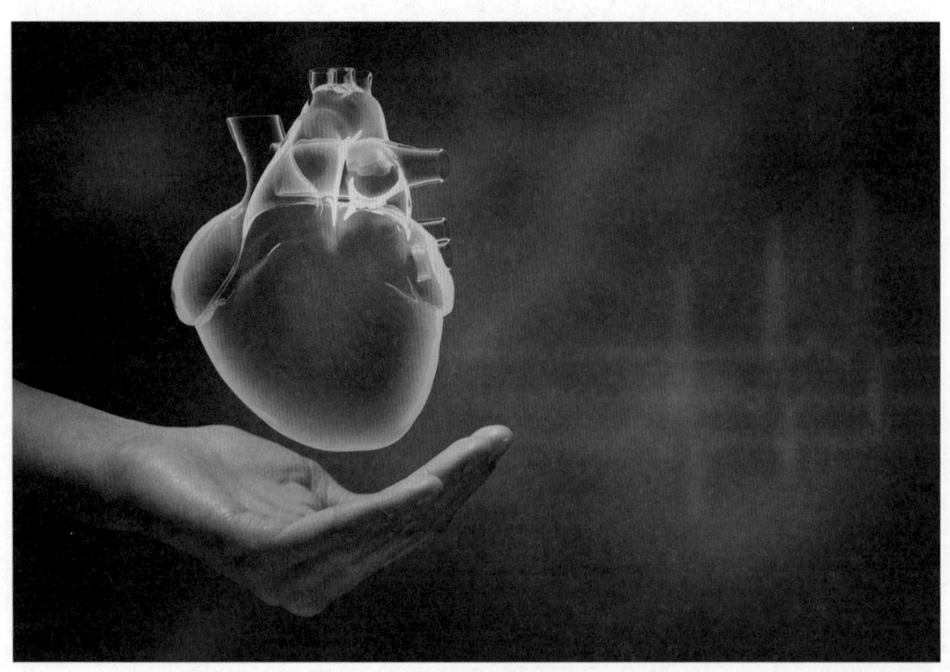

的方法培育出人体的所有器官。”目前自体人造器官领域已形成40亿美元的产业，并以每年25％的速度递增。自体人造器官将是21世纪具有巨大潜力的高技术产品，必将产生巨大的社会效益和经济效益。

近年来，中国科学院开启了“器官重建与制造”项目，大力推进我国在人造器官领域的研究。这个项目将基于生命科学、医学材料学、工程制造等领域的科技进步，从器官原位再生、器官体外制造、器官异体再造、临床研究转化这四个方面进行研究，每个方面还涵盖更多的细分领域，包括肌肉再生与制造、利用器官芯片技术定制功能器官、大型哺乳动物的器官再造等。

智博士

3D打印人造器官

近年来，多国科学家开始利用3D打印技术来制造器官。瑞士科学家利用柔软的硅胶材料，打印出全球首个与真人心脏高度相似的人造心脏。中国西北工业大学汪焰恩等人研制的3D打印活性仿生骨，可以做到与自然骨的成分、结构、力学性能高度一致。美国科学家用水凝胶3D打印出一个人造肺，它可向患者病变肺部周围的血管输送氧气。俄罗斯航天员利用国际空间站上的3D生物打印机，在失重环境中打印出实验鼠的甲状腺。

胶囊摄像头

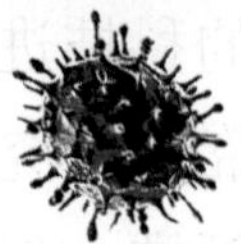

肚子有点儿疼，不知道是什么原因，赶紧上医院吧。身穿白大褂的医生很负责地给我们描述病因，可医学术语对普通人来说太难理解了，最终我们也不清楚病因是什么。要是能看见内脏哪里出毛病了就好了。以色列的几名科学家表示，这样的患者诉求已经可以实现了，他们发明的胶囊摄像头可以让我们看清自己的内脏。

革命性的新发明

在《西游记》中，孙悟空变小了，顽皮地钻进了铁扇公主的肚子里。我们普通人可没有这样的本事。而以色列研究人员发明的这种可以吞食的胶囊摄像头，不但可以像孙悟空那样钻进我们的肠胃，而且可以拍摄照片，让我们清清楚楚地观看自己的内脏。

这款新型摄像头是以色列一家图像公司的研究人员发明的，名为“PillCam ESO 2”，意思是“药片式照相机”。目前这种摄像头已经拍摄出多个消化器官的高清照片，不但可以让我们

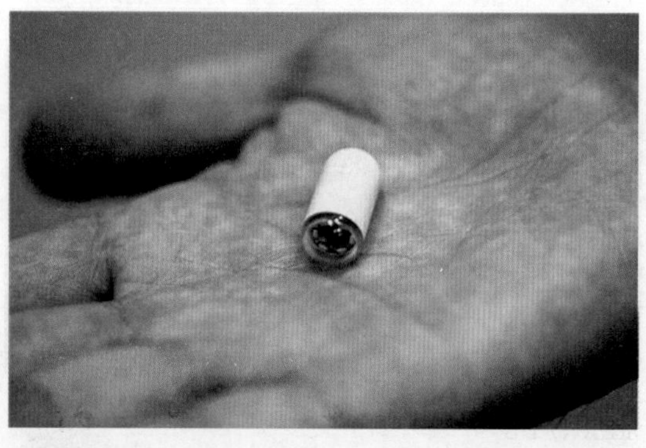

看见内脏出了什么问题，还可以看到里面长了什么寄生虫。

医生可根据这些照片，对患者进行有效的治疗。这款胶囊摄像头已经获得了以色列和美国药品监督部门的认证。有医疗专家称，对于患者来说，这是一个革命性的新发明。

无痛拍摄内脏照片

我们的体表发生了病变，比如长疮、外伤，我们可以很直观地看得清清楚楚。可是，如果内脏发生了病变，我们就只能靠检查了。

检测内脏的病变，这在医院是一个常规的检查项目，叫作内窥镜检查。不过，这通常是一个很“恐怖”的检查项目。所谓内窥镜，其实是一根配备有灯光的长管子，通过口腔或者肛门进入患者的体内。利用内窥镜可以看到X射线不能显示的病变，因此它对医生非常有用。但是，对患者来说，这种检查方式在生理上和心理上都会造成很大的痛苦。

然而，有了胶囊摄像头，患者就不用忍受心理上的恐惧和生理上的痛苦了。这种摄像头无论外形还是个头，都和我们日常服用的药物胶囊差不多，因此也可像药物那样和着温水吞服，然后

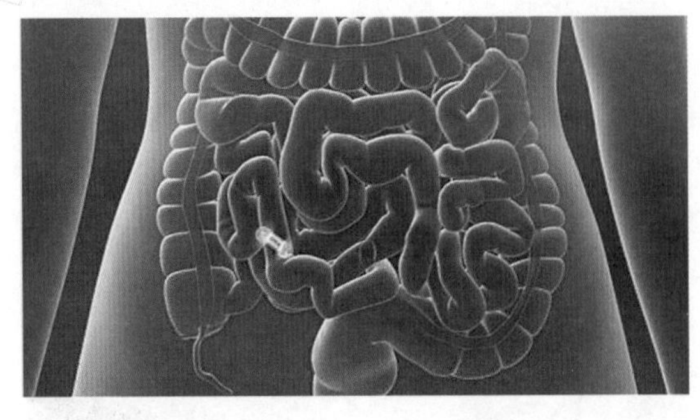

十分自如地在消化系统内穿梭。当然，它可不像孙悟空那样顽皮地在铁扇公主的肠胃中捣乱，也不会让人们感到疼痛，而是尽职尽责地帮助人们拍摄内脏照片。

2018 年 7 月 11 日，宁波市民钱女士成为国产磁控胶囊胃镜机器人的首批使用患者之一。这款胶囊胃镜是由上海一家公司开发的。只要喝一口水，吞服一粒磁控胶囊胃镜，就可以轻轻松松地做胃镜检查，全程无痛、无创、无麻醉，不用再忍受插管胃镜的痛苦和恐惧。检查完毕之后，你也不用担心它赖在体内不出来，这款摄像头顺着消化系统的“管道”前行，可以随着粪便排出体外。胶囊一次性使用，安全卫生。在准确性方面，磁控胶囊胃镜和电子胃镜是完全一致的。

方便患者了解内脏变化

胶囊胃镜使患者告别了传统胃镜带来的疼痛感或异物感，也

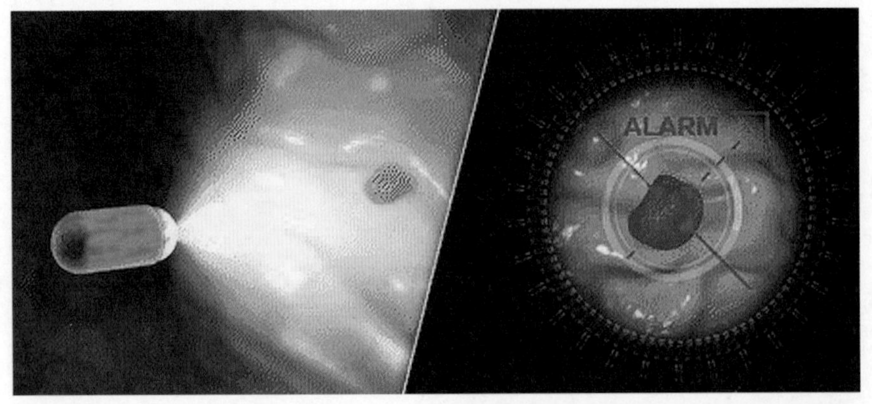

避免了麻醉和交叉感染风险，且只需 15 分钟便可完成检查。检查完毕后，患者可登录指定网站，根据记录仪上的照片和网站上的资料来分析自己的健康状况。医生可以很方便地随时查看检查结果，最终所生成的带有病历图像的报告还可以打印，转发给相关医生会诊或以电子文档的形式保存。

有医疗专家表示，胶囊摄像头这项新发明不仅方便了医生，更重要的是方便了患者，患者从此可以很直观地看到内脏的病变，不需要再费劲地去了解医生口中那些高深的医学术语了。

智博士

超声内窥镜微探头

苏州生物医学工程技术研究所的崔崤峣等人，开发出一种适用于人体消化道和肠道病变检查的超声内窥镜微探头。超声内窥镜是将超声波用于人体内腔道成像检查的一种仪器。它将微型的高频超声探头插入食道、胃肠、支气管等，进行实时扫描成像。相比传统的胃肠道内窥镜，超声内窥镜检测得到的信息丰富得多，相比穿刺检查也更方便安全。传统胃肠道内窥镜相当于给胃肠道“照镜子”，只能看见脏器内壁的表面情况，而超声内窥镜则相当于把探头伸进体内做 B 超。

灭癌“导弹”

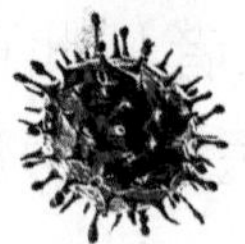

导弹是一种可以指定攻击目标，甚至追踪目标动向的武器。试想如果可以用像导弹一样的武器对付人体内的癌细胞，那该多好啊！近年来，就有科学家研制出纳米胶囊和纳米机器人，可以进入人体各个器官和组织，有望用于维护人体健康，尤其是用于定向清除癌细胞，就像是向癌细胞发射了灭癌“导弹”。

癌症的靶向治疗

化疗是癌症的常规治疗方法之一，但是化疗会给患者带来非常痛苦的不良反应，因为化疗药物在杀死癌细胞的同时也会杀死健康细胞。于是，医学专家希望开发一些定向杀灭癌细胞的方法。这些方法被称为“靶向治疗”。因此，参与靶向治疗的纳米药物胶囊和纳米机器人，又被形象地称为灭癌“导弹”。

目前的靶向治疗常用的还是被动式，即用人为的外力作用把

药物输送到癌变部位，比如利用超强磁场、超声应力场、光作用聚焦等。

被动式靶向治疗往往需要昂贵的仪器，治疗费用较高。而纳米药物胶囊和纳米机器人的治疗方式则是利用癌变部位血管的漏洞自动渗出，定向治疗是一种主动式的靶向治疗，可以大大减少治疗费用，有很广泛的应用前景，将在癌症治疗领域产生一场影响深远的变革。

纳米药物胶囊

科学研究发现，肿瘤长到一定阶段会长出与正常血管不同的螺旋形血管。这些血管的壁很薄，而且会出现一些微孔。根据肿瘤血管的这个特点，日本医学专家发明了一种可以穿过肿瘤血管微孔的纳米胶囊。

这种胶囊可根据不同的癌症盛装不同的化疗药物，其直径只有 30 纳米，由可降解的高分子材料制成。研究人员将化疗药物封装在胶囊里，胶囊只能从肿瘤血管壁的微孔渗出，而不能从健康的器官或组织处渗出，从而可以定点消灭癌细胞。

纳米药物胶囊不仅不会伤害健康的组织和细胞，而且可以节省化疗药物，让化疗更加高效。传统的直接注射化疗药物的治疗方式，药物会从血管壁渗出，无法在血液中停留较长时间，而且会杀死正常细胞，这也是化疗一直没有解决的难题。而将化疗药物装入胶囊后，由于尺寸有针对性，只能从肿瘤组织的毛细血管壁的小孔渗出，所以能高效且精确地杀灭肿瘤毛细血管周围的癌细胞。

日本的研究人员通过改变基因，培育出患胰腺癌的实验鼠。当实验鼠的肿瘤长大到 3 毫米左右且向肝脏小规模转移时，研究人员通过静脉向 10 只实验鼠的体内注入纳米药物胶囊，每星期注入一次。如此连续治疗 8 星期后，这 10 只实验鼠依然存活，其体内的癌细胞增殖受到抑制。除胰腺癌之外，研究小组已开始对复发性乳腺癌、结肠直肠癌等进行动物试验。

纳米机器人

中国国家纳米科学中心的聂广军等人研究出一种利用纳米医学机器人进行重大疾病检测并治疗的方法。这种纳米机器人可以区分健康细胞和癌细胞，发现癌细胞后及时发出警报，然后成千上万只纳米机器人就源源不断地向癌细胞聚集，一起合力杀死癌细胞。

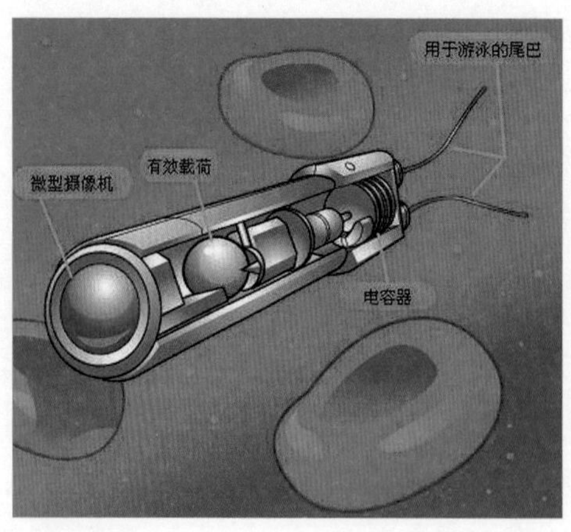

组成纳米机器人的原料是生物大分子，它们的外形很像蜘蛛，因此又被称为“纳米蜘蛛”微型机器人。纳米机器人的长度只有几纳米，用高倍电子显微镜才能看见，因为 10 万个这样的纳米蜘蛛排成一队比

人类头发直径还小。

正因为纳米蜘蛛如此微小，它可以穿越人体任何组织和器官，包括最细小的毛细血管和神经末梢，而不会导致这些细小管道堵塞。纳米蜘蛛可以在人体的“大街小巷”内随意穿梭，及时发现人体内出现的异常情况，因此又被称为人体内的“微型警察”。

智博士

分子机器人

不少纳米机器人在本质上是分子机器人，是分子仿生学中的一个重要研究对象。分子机器人可以成为清理人体血管的“管道工”。人体血管其实也像城市的下水道一样，时间长了就会出现垃圾，如果不及时清理就会发生各种心血管疾病。行走在血管中的分子机器人发现这些垃圾后，能合力把这些垃圾击碎并运到人体的肠道内。分子机器人甚至可以用于外科手术，切割或缝合。由于它们可以直接利用人体活性物质缝合手术部位，因此采用这种技术在手术之后可以达到没有疤痕的效果。

用青蒿素抵抗疟疾

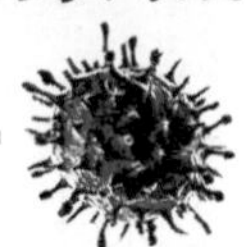

疟疾是地球上最古老的传染病之一，是危害严重的传染病之一，也是致死人数极高的疾病之一，是一种极为可怕的瘟疫。中国科学家屠呦呦发明的青蒿素，可有效地抵御疟疾，她也因此获得 2015 年诺贝尔生理学或医学奖。

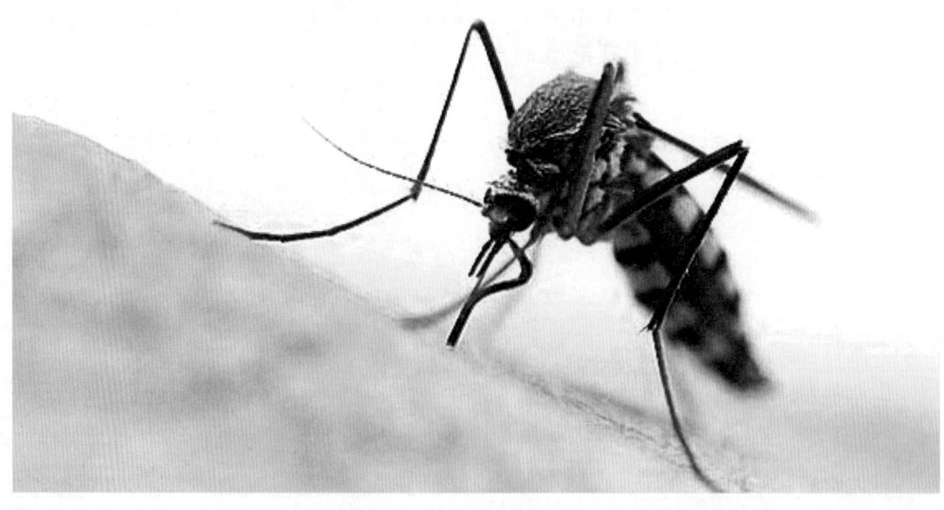

引发疟疾的元凶

世界上有 100 多个国家、近 20 亿人口生活在疟疾流行区，疟疾的发生地区主要在非洲，约占全球的 86%，其次发生在东南亚，约占 9%，其余的 5% 发生在全球其他地区。这种瘟疫每年会造成全球 5 亿人感染，上百万人死亡。

1878 年，法国军医拉弗朗在化验阿尔及利亚的一位疟疾患者的血液时，意外地在显微镜下观测到一种月牙形的虫子。这是一种人类从未见到过的生物物种。经鉴定，这是一种原生动物的虫体。他在随后检查的 200 位疟疾患者的血液中，发现有 148 人的血液里检查出同样的虫体，他确信这就是引发疟疾的真正元凶。

这是一个重大的发现，阐明了微生物在引发疟疾中的作用。由于这一发现，拉弗朗获得 1907 年诺贝尔生理学或医学奖。后来科学家为这种月牙形的寄生虫取了一个名字，叫作“疟原虫”。疟原虫分为四种，即恶性疟原虫、三日疟原虫、间日疟原虫和卵形疟原虫，它们都可以引起疟疾，其中以恶性疟原虫最致命。

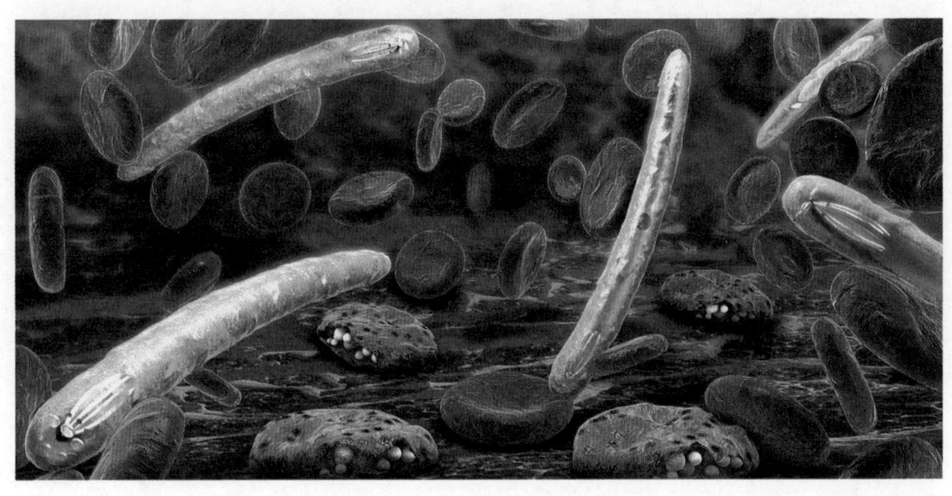

寻找抗疟药物

为消灭这一危害人类健康的传染病，世界各国都在积极研发抗疟药物，但这些抗疟药物在起效一段时间后，就纷纷失去了药效。

问题究竟出在哪里？原来，在长期的进化过程中，疟原虫已形成一种自我保护的功能——它对药物产生了抗体，从而形成抗药性，致使抗疟药物失效。为了解决疟原虫的抗药问题，中国当时有 500 多名研究人员参加到寻找抗疟药物的“大战”中。

为了寻找最有效的抗疟疾药物，中国研究人员决定从中药、西药两方面着手：西药方面按现代医学手段制造新药的途径，广泛筛选化学物质，合成新的化合药物；中药方面则是集中较多的人力，从中医药中筛选，寻找新药。在这些研究人员中，屠呦呦

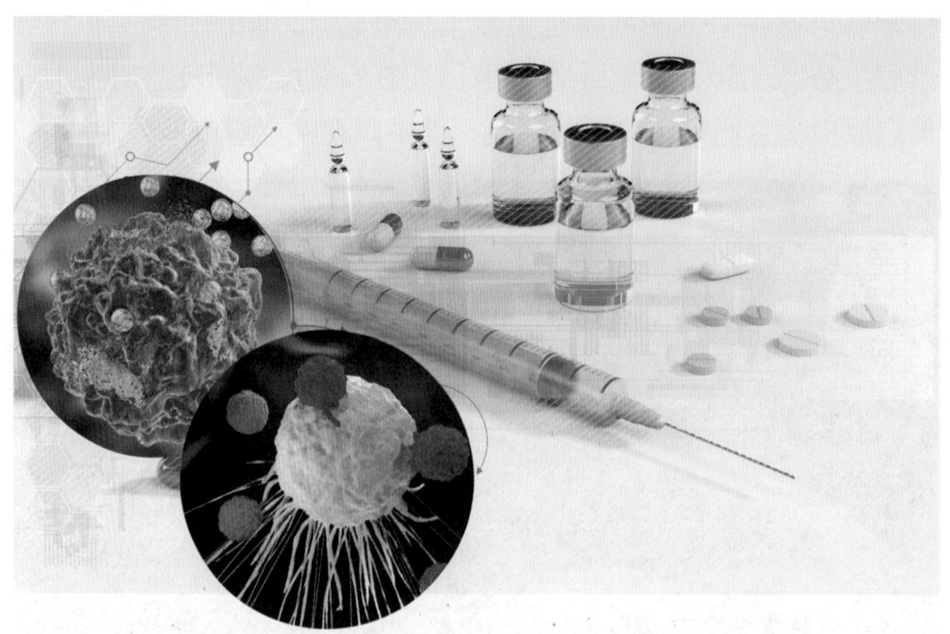

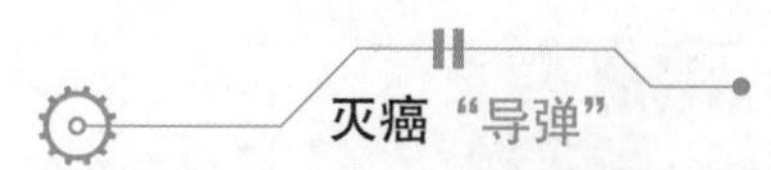

于 1968 年（38 岁时）被委任为一个研究小组的组长，负责进行中草药抗疟疾的研究。屠呦呦毕业于北京医学院的药学系，又有从事中医学研究的工作经验。

来自中国古籍的青蒿

1972 年 3 月，北京中医药研究所发现，一味中草药的提取物对治疗疟疾的效果不错，这味中草药就是青蒿。青蒿是一年生草本植物，会散发出一种特殊的香气，常零星生长于低海拔、湿润的河岸边沙地、山谷、林缘、路旁等，也少量生长于滨海地区。

青蒿治疗疟疾的确切记载，最早见于公元 304 年葛洪所著的《肘后备急方》一书。屠呦呦在查阅《肘后备急方》一书时看到治疗疟疾的方法：“青蒿一握，以水二升渍，绞取汁，尽服之。”屠呦呦发现其中记述使用青蒿抗疟时是通过“绞汁”，而不是使用传统的中药用“水煎”的方法饮用的。屠呦呦马上领悟到以往利用青蒿治疗疟疾失败的原因：这种中草药可能有忌高温的特性。因此，屠呦呦改用低沸点溶剂（比如乙醚）处理青蒿，果然药效明显提高。

经过 190 次的反复试验，最后第 191 次终于分离出青蒿中的有效抗疟成分青蒿素，实验显示，青蒿素对老鼠疟原虫有百分之百的抑制率。在发现青蒿素的过程中，用乙醚提取是关键的一步，这突破了以前的研究瓶颈。

进一步的研究表明，青蒿素可作用于疟原虫的细胞膜、线粒体、内质网，此外对核内染色质也有一定的影响。青蒿素会让疟原虫的细胞内迅速形成自噬泡，并将细胞液不断排出虫体外，使疟原虫损失大量细胞液而死亡。

因首次提取出青蒿素，屠呦呦被国际学术界公认为“青蒿素之母”。正是因为屠呦呦在青蒿素研究中的突破性贡献，诺贝尔评奖委员会授予她 2015 年诺贝尔生理学或医学奖。消息传来，举国为之振奋，因为这是中国本土科学家首次获得自然科学领域的诺贝尔奖。

智博士

青蒿素疗效显著

目前，我国推出的以青蒿素类药物为主的联合疗法，已经成为世界卫生组织推荐的抗疟疾标准疗法。世界卫生组织认为，青蒿素联合疗法是目前治疗疟疾最有效的手段，中国作为抗疟药物青蒿素的发现方及最大生产方，在全球抗击疟疾进程中发挥了重要作用。根据世界卫生组织的统计数据，自 2000 年起，撒哈拉以南非洲地区约 2.4 亿人口受益于青蒿素联合疗法，约 150 万人因该疗法避免了疟疾导致的死亡。

蓬勃发展的仿生材料

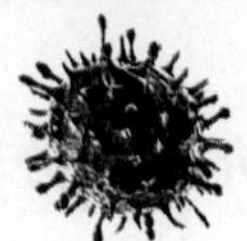

中国科学院研究员徐坚和他的同事发明了“人工仿生荷叶”，引起了人们对仿生材料的关注。美国知名科学家斯蒂芬·威恩怀特也指出，仿生学将结合分子生物学并取代分子生物技术，成为最具挑战性的生物科技。

仿生荷叶不沾水和油

我们都知道荷叶“出淤泥而不染”的特性，荷叶为什么这么干净？徐坚等人分析了荷叶的表面细微结构，发现荷叶表面有许多乳状突起，这些肉眼看不见的小颗粒，正是“荷叶自洁效应”的原因，可以让荷叶不沾染脏东西。于是，徐坚等人模仿荷叶的表面结构，研制成功人工仿生荷叶。

仿生荷叶实际上是一种人造高分子薄膜，该薄膜具有不沾水和不沾油的性质。同时，仿生荷叶还具有类似荷叶的“自我修复”功能，仿生表面最外层在被破坏的状况下仍然保持了不沾水和自清洁的功能。

这项研究可用于开发新一代的仿生表面和涂料。新型的“仿生荷叶薄膜”可以用于制造防水底片、防水喷雾剂等防水产品，而“仿生荷叶涂料”则可以用于建筑、服装、汽车、电子产品、反光镜、安全帽镜片、厨具、瓦斯炉等表面易脏的产品。

仿生研究进入分子水平

近年来，仿生学的研究越来越热门，材料学家也很喜欢从仿生学中寻找灵感，制造出具有特殊性能的仿生材料。目前，有两种常用的制造仿生材料的方法。一种方法是制造具有生物所需生理功能的材料，主要目的是替代天然材料，如仿生人工骨，可用于为那些骨头坏死的患者替换掉不健康的骨头，仿生蛛丝可用作可降解的手术缝合线。

另外一种则是直接模仿自然界中生物的独特功能，以获取人们所需要的新材料，上文中介绍的仿生荷叶就是这种类型。类似的研究越来越多，科学家就是从我们身边熟悉的生物入手，了解它们特殊功能背后的材料学原理，然后模仿这些天然材料，再加以科学的简化和改进，制造出适合人们使用的仿生材料。

仿生神经网络的重要材料

众所周知，生物在漫长的进化过程中，不断进化以适应环境，已经达到了近乎完美的程度，产生了一些目前还无法依靠人工合成能得到的高性能的材料，如骨骼、皮肤等等。而人类也制

造出一些与生物材料性能接近的人工材料，例如传导神经信号的人造水凝胶。

生物体的大部分是由柔软且含水的凝胶构成，它们能够感知外界的刺激并作出实时、快速的响应，在不同能量之间快速转化，实现柔性的智能运动。美国科学家奥萨达等人研制成功了用水凝胶制作的“人工爬虫”，这只“人工爬虫”长20毫米、宽10毫米、厚1毫米，是世界上首个具有动物一样柔软身体和灵活动作的人造机器，在研制人工神经系统和人造生命方面有重要的意义。

候鸟在长途迁徙中能非常精确地控制方向，与它的身体内含有纳米级的磁颗粒有关，这些磁颗粒能够感知外界磁场，而这些纳米磁颗粒所获得的神经信号就是通过水凝胶来进行传递的。因此，人造水凝胶是仿生神经网络的重要材料。

科学家们的终极梦想

人类长期以来努力研究人工材料的各种物理化学性能，并开发先进的冶炼技术。人们虽然开发出了越来越多的新材料，却同时不断制造化学废料和不可降解的垃圾，破坏了自然环境。而大

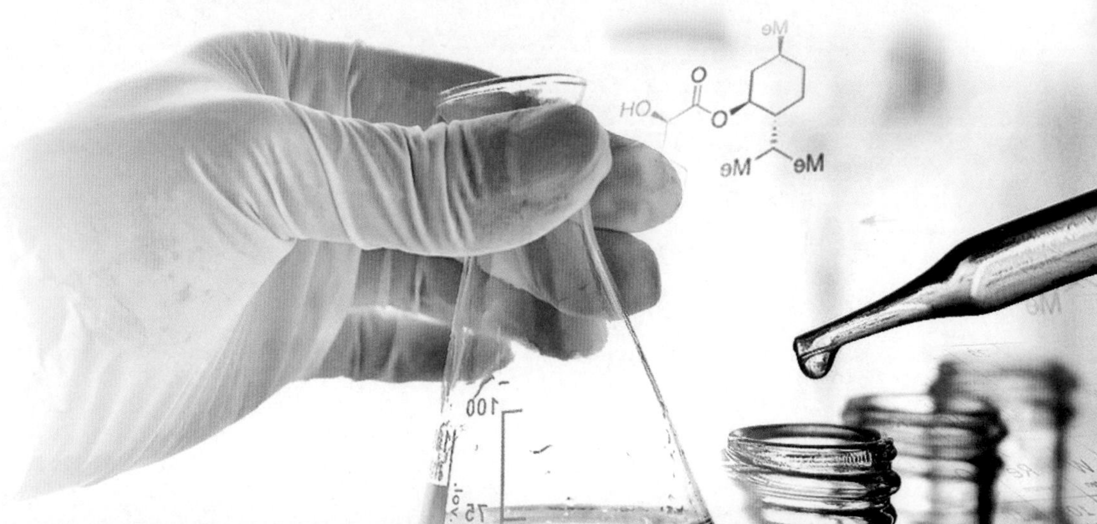

自然制造材料的方式，不论在水中或是在室温下，都是在对生命最友善的环境下进行的，并且制造的材料不多也不少，不浪费一点资源。

更重要的是，生物体的生命进程结束后，这些天然材料通过死亡与再生，还能被其他生命吸收利用，进入自然的循环过程。因此，积极地模仿动物和植物制造各种材料，以期发明出完全仿造生物构造的可降解仿生材料，是科学家们的终极梦想。

智博士

可自我清洁的餐具

每次在家里用完餐之后，洗碗是个很麻烦的事情。为此，瑞典一位研究人员为那些不愿洗碗的“懒人”们开发出一种可自我清洁的餐具。用这种餐具吃完饭之后，只需要拿到水龙头下冲一下，所有剩余的食物残渣就被冲走了。在用餐之前，也只需要冲一下，餐具表面的灰尘和细菌也可以完全被冲走。因此，用这种可自我清洁的餐具用餐，不但赶走了洗碗的烦恼，而且可以有效地防止病从口入。

蛛丝织成神奇服装

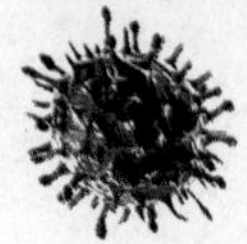

古代武士靠笨重的铠甲来保护自己，而现代的士兵则有相对轻便的防弹背心。说它“相对轻便”，是因为它比普通背心还是要重得多。美国科学家则表示，一种将比普通背心还轻的防弹背心很快就将上市。这种背心之所以很轻，是因为它是由蛛丝织成的。

“生物钢”——蛛丝

在漫长的进化历程中，蜘蛛凭借它出色的织网本领而成为动物世界中的捕猎高手。即便如蜻蜓这样的大型昆虫误入蛛网，都只能束手就擒，任凭它怎么挣扎，都逃脱不了那些细细的蛛丝。蛛丝是一种十分坚韧的天然材料，是相同粗细钢丝强度的5倍，比制造防弹背心的凯夫拉纤维还要坚韧，因此蛛丝被材料学家誉为“生物钢”。

在科幻影片《蜘蛛侠》中，靠一根喷射出来的蛛丝，蜘蛛侠就可以在城市的高楼大厦之间飘来荡去。蛛丝的强韧程度，令人惊叹。或许有人会质疑：那根蛛丝真的能支撑蜘蛛侠的体重吗？其实，这并非完全没有科学依据。一根细细的蛛丝能支撑起蜘蛛的身体，那么按照比例来说，蜘蛛侠喷射的蛛丝也能支撑住他的身体。科学研究也表明，一根直径仅 1 厘米的蛛丝绳索可以拉住一架正在飞行的喷气式小飞机，由此可见蛛丝有多么强韧。

既然蛛丝是如此好的纺织材料，那么为何人们不像养蚕那样大量养殖蜘蛛呢？这是因为蜘蛛古怪、好斗的本性，很难像温顺的蚕那样被人工饲养。另外，蛛丝产量实在太低了，饲养蜘蛛和收集蛛丝的工作也十分复杂。到目前为止，世界上只有一块由天然蛛丝编织成的特殊面料。这块收藏于美国国家自然历史博物馆的特殊面料，有 4 米长，1.2 米宽，总面积 4.8 平方米。为了打造这块独特的面料，82 名纺织专家花费 4 年时间，收集了数百万只野生金色球体蜘蛛的蛛丝，再将所有蛛丝织成长丝，最后通过特别设计的设备，将这些长丝织成布。

用酵母生产蛛丝

既然通过饲养蜘蛛收集蛛丝的方法不太可行，那么是否要放弃这种高强度的天然材料呢？答案是否定的。科学家们转换思路，研究其他获得蛛丝的途径。美国科学家丹·维德梅尔等人，利用转基因酵母生产出了和天然蛛丝性能一样的转基因蛛丝。他们通过研究蜘蛛的基因图谱，获得了蜘蛛的产丝基因，然后人工合成这种基因，再转移到酵母中，酵母就有了产丝能力。

这些酵母被培养在一个硕大的罐子里，就像是酒厂里酿酒的那种罐子。酵母吸取罐子中的葡萄糖营养液后，开始分泌蛛丝乳液，其实质是一种液态蛋白质。但是，酵母不能直接将这些乳液转化为蛛丝。科学家用专门的机器抽取大罐中的乳液，然后将乳液从特制的喷嘴不断喷射出来，一条条蛛丝由此产生。在高倍显微镜下观察发现，转基因蛛丝的形态结构和天然蛛丝一样。

用蚕产蛛丝

由于蚕和蜘蛛都是产丝的动物，且两者产丝原理比较类似，但 1 千克的蛛丝要比蚕丝昂贵得多，因此多年来科学家希望找到用蚕产蛛丝的方法。中国科学院的研究人员谭安江等人，就培育出一种可以生产蛛丝的转基因蚕。

他们利用基因编辑技术去除蚕的部分产丝基因，然后再加入蜘蛛的部分产丝基因，结果就让蚕具有了产蛛丝的本领。研究结果显示，这种桑蚕能够生产出由蚕丝和蛛丝组成的混合丝。测试表明，其中蛛丝的含量高达 35.2%。这种获得新型蚕丝材料的技术，适合大规模生产，还可以根据需要定制不同类型的材料。

当然，不只是中国和美国科学家发明了转基因蛛丝，加拿大、日本、德国、英国的科学家也在从事这方面的研究。也并非只有酵母可以生产蛛丝，转基因哺乳动物和转基因植物也可以生产蛛丝。加拿大魁北克省一家生物技术公司的研究人员，培育出可以生产蛛丝的转基因母羊。从这种母羊的奶中，可以提取出大量蛛丝蛋白。

转基因蛛丝的用途

利用转基因蛛丝面料裁剪出来的服装，看上去有些像丝绸服装，摸起来也十分光滑柔软，穿在身上保暖透气。丝绸服装的韧性一般相对较差，不小心被刮一下就容易撕裂，而转基因蛛丝服装韧性很强，很难撕裂。基于同样的理由，丝绸服装通常不建议用洗衣机来洗涤，而转基因蛛丝服装则可以。

由于蛛丝韧性好、弹性好且耐冲击力强，科学家正考虑用蛛丝来制造防弹背心。无论是在干燥状态或是潮湿状态下，蛛丝都有很好的弹性和韧性，因此利用蛛丝制造的服装可让军人、航天员、探险家等适应多种严酷环境。蜘蛛丝网还有很好的耐低温性能，蜘蛛丝在 -40℃时仍然柔软且弹性十足，因此蛛丝服装适合那些从事极地考察的科学家使用。

除了用于加工服装外，转基因蛛丝作为特种材料在其他领域也有广泛的用途。比如，如果把蛛丝用于飞行器的复合材料中，可以大大减少飞行器的自重。由于蛛丝是一种天然蛋白质，在自然界中可以逐渐降解，用它做成的包装材料将非常环保。利用降解性好的特点，它还可以用于制作外科手术中的缝合线。

智博士

蛛丝稳定性好

法国科学家发现了蜘蛛能在细细的蛛丝上“如履平地”的秘密。他们通过显微镜观察到，蛛丝具有独特的分子结构，这让蜘蛛能在蛛丝上稳定自如地活动，更有利于蜘蛛捕食和避敌。蛛丝的弹性非常好，可以快速恢复原状，而且可让蜘蛛在关键时刻行动更快，出其不意地冲向猎物。

蜘蛛垂丝下滑的动作也不会像吊在绳子上那样摇摇晃晃地“荡秋千”，而是非常稳定，不会摆动，这也得益于蛛丝优秀的稳定性。摆动对蜘蛛来说是致命的，它可能会因此失去美食甚至暴露行踪被捕食。

像乌贼那样隐身

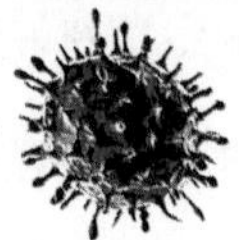

隐身不仅是科幻小说作家喜爱描写的情节，也是材料学家关注的研究领域之一。美国科学家通过模仿海洋中乌贼的隐身方法，开发出人造“乌贼皮”材料，这种材料将有望用于军事、探险、娱乐等领域。

海洋中的“变色龙”

在自然界中，不少动物具有通过变色来隐身的能力，最著名的是变色龙。但很多人还不知道，乌贼也具有变色隐身的能力，堪称海洋中的“变色龙”。它们能像变色龙那样随着环境的改变而变换自己的体色，而且变色速度很快，瞬间就可完成。其实，不只是乌贼，大多数头足类动物，比如章鱼、鱿鱼等，都具有变色隐身能力。

为何乌贼要隐身呢？主要是出于捕食的需要。海底世界是透

明的，植物相对较少，高大的植物更少，因此海洋动物很难像陆地动物那样隐藏在植物后面来觅食或躲避天敌。于是，海洋肉食动物拥有多种多样的捕食妙招，海狮、海豚等成群结队围追堵截鱼群，某些肉食性海洋动物则是躲在海底沙子里伺机捕食，乌贼则进化出变色隐身捕食的方法。乌贼并不具备很强的自我防御功能，通过隐身也可让它躲避其他捕食者。

乌贼怎样做到隐身的呢？美国杜克大学的莎拉和约翰森对此进行了研究，他们发现乌贼通过光敏细胞来感知环境并变色。研究人员用色光直接照射章鱼，发现它们立即从透明转变成蓝色。研究发现，章鱼皮肤中密布光敏细胞，这些细胞中含有色素。光敏细胞在感知环境颜色的变化后，利用色素进行调色，很快就变化出与环境相同或类似的颜色。

人造乌贼皮

根据科学家对乌贼皮变色原理的研究结果，美国莱斯大学纳米光子学实验室的研究人员开发出仿生人造乌贼皮。这种材料能像乌贼那样感知周边环境的颜色，并自动改变自身颜色与周边环境融为一体，实现人们期待已久的、近乎完美的光学伪装。

数亿年的进化让生物具备了复杂又精密的运行机制，人类短短几百年时间发展起来的技术总是难以和生物活体的材料相媲美。人造乌贼皮也是如此，还难以做到像乌贼那样利用光敏细胞同时感光并变色，而是要利用感光和变色两套系统来实现隐身功能。

我们所看到的物体颜色千差万别，这取决于它们反射或透射到我们眼睛中的光线的颜色。我们看到蓝色的物体是因为物体反射或透射了蓝光，看到白色的物体是因为它反射或透射了所有颜色的光，看到黑色的物体是因为它吸收了所有颜色的光。

根据这个原理，研究人员把纳米级的超微型传感器密密麻麻地植入人造乌贼皮中，这些传感器协同合作，共同分析环境中各种物体反射或透射出来的光线。人造乌贼皮的表面还有大量的微型显示器，它们接收传感器对环境光线颜色的分析数据，然后把这些数据再次转化为颜色显示出来。

人造乌贼皮表面的微型液晶显示器的每个像素点只有5平方微米，其显示精度是目前商用液晶屏的40倍，可以以假乱真地再现环境中的物体，让“乌贼皮”和所在的环境真正地融为一体。它们采用了通常应用于顶级液晶电视和显示器的铝纳米粒子，可以显示出各种各样的真实色彩。

30年后可实现隐身

人造乌贼皮的研究刚刚起步，其他隐身材料的研究也是如此。研究人员表示，要想利用人造乌贼皮做出像哈利·波特所拥有的隐身斗篷那样的成品，大概还需要 30 年的时间。到了那时，你在某一天突然被一只看不见的手轻轻拍了一下，那很可能是你朋友穿着一件隐身斗篷在和你开玩笑，制造隐身斗篷的材料可能正是人造乌贼皮。当然，这种材料的主要用途不是和朋友开玩笑，更不是为犯罪行为提供便利，而是有望用于军事、探险、娱乐、科研等领域。

智博士

利用超材料制造隐身衣

水缸里有个六边形的物体，它蓝白相间，中心有一个小孔，当金鱼游进小孔后，相机只能拍到这个物体后方的水草，而金鱼却从画面中消失了。

这个神奇的物体是用超材料制成的“隐身块”，是我国浙江大学陈红胜教授的研究成果。超材料是超越自然材料的一种材料，是具有特殊功能的人工复合材料，让物体隐身只是其功能的一种。我们都知道，利用计算机语言可以设计出不同功能的软件，超材料的设计与此类似，通过改变材料的结构或排列方式，就可以获取我们所需要的特殊功能。

监控疲劳驾驶

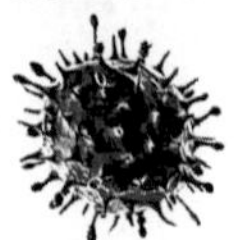

汽车的发明为人类社会带来了极大的便利，也带来了一些问题，其中会直接给我们带来生命财产损失的，就是车祸。车祸猛于虎，而不少车祸的发生与司机疲劳驾驶有关。研究发现，一个连续 17 ~ 19 小时没睡觉的司机，其行为能力与一个醉酒驾驶的司机相当。为了防范司机疲劳驾驶，科学家发明了一些新的生物监控技术，有望逐渐减少疲劳驾驶带给人们的伤害。

人脸识别系统

目前大部分监测司机疲劳驾驶的方案都是通过实时采集司机的面部特征，尤其是眼睛部位的状态图像，进行持续比对检测，从而判断司机是否处于疲劳状态。而这个过程中，人脸识别是核心。近年来，人脸识别技术在我国的应用越来越普及。北京未动科技有限公司开发了一款人脸识别系统，用于监测公交车司机是否处于疲劳驾驶状态，以便及时避免事故的发生。这款系统能通过人脸识别和眼球追踪技术实时监测驾驶员的驾驶状态，在驾驶员分神、疲劳驾驶、低头、聊天等状态下及时对驾驶员进行提醒，保证驾驶员自身驾驶行为的安全性。

红外线眼球扫描仪

美国研制成功了一种针对疲劳驾驶的红外线眼球扫描仪。其外形如同一个小型摄像机，使用也很方便，只要把它安装在仪表盘上，让镜头对准司机，扫描仪就会连续发出红外线信号来扫描司机眼球中的眼白部分，同时判断出疲劳程度并发出“减速停车”“休息一下”等警告信号。美国高速公路交通管理部门目前正在着手测试这种红外线眼球扫描仪的性能，并计划对 22 辆卡车和 100 多名司机进行实验，如果实验结果证明这种眼球扫描仪的性能确实可靠的话，便计划推广使用。

红外线振动记录检测仪

奥地利研究人员根据人疲劳时的瞳孔直径的变化规律，开发出了一种红外线振动记录检测仪，用以检测司机长时间驾驶后的疲劳程度。研究人员发现，如果长时间疲劳驾驶，人的瞳孔直径因光线变化而变化的程度就会加剧。据测试，通常情况下，充分休息者的瞳孔直径变化频率平均为每分钟 5 至 10 次，而长时间未休息者的瞳孔直径变化频率平均每分钟可达 15 次。根据这些发现，研究人员开发出了便携式红外线振动记录检测仪。这种仪器能够准确记录司机瞳孔直径的变化频率，供检测者判断司机的疲劳程度及其驾车的危险性程度。

心跳电子监控系统

日本先锋公司开发出了一种防止司机开车打瞌睡的心跳电子监控系统。脉搏跳动能反映心跳情况，只要在方向盘上装上导电性强的脉搏感应器，就可以感知手握方向盘时的脉搏跳动情况，从而监测心跳速度。感应器每隔 10 秒检测一次司机的心跳速度。一般说来，人在打瞌睡之前，心跳速度会下降。通过对心跳速度的监测可以大体判断司机是否在打瞌睡。

智博士

用电击提醒疲劳驾驶

目前的疲劳驾驶监控系统，大多是对司机进行“温柔”的提示，比如语音提示、振动提示等。拉脱维亚的一个研究团队认为，应该让疲劳驾驶者有“切肤之痛”。为此，他们开发出会电击疲劳驾驶者的智能手环。这款手环可分析司机的心率，以此判断司机的精神状态。如果司机稍稍疲劳，手环会振动和亮黄灯来提醒司机需要休息了；如果司机处于疲劳状态，手环会亮红灯，并给予司机不危害健康的刺痛电击，以此提醒司机应尽快找到停车点休息。

昆虫“医生”闻香看病

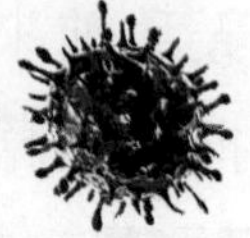

植物也会生病，它们病了不能像人那样去医院看病，不过植物也有自己的“医生”，而且它们会用特殊的方法邀请“医生”来看病。日本京都大学生态学研究中心教授高林纯示等人发现，植物在叶子被虫子咬伤后会散发出特殊的香味，以此吸引某些特定的昆虫“医生”来给自己“看病”。

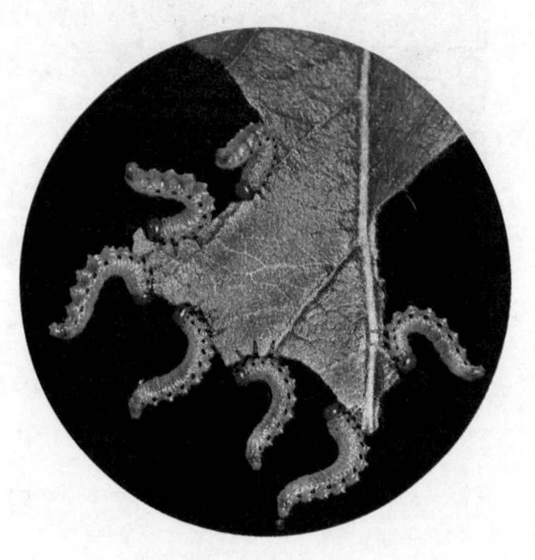

释放出特殊的香味

所有生物都生活在一定的环境中，必然会遭遇来自环境的一些影响。生物也会在其漫长的进化历程中，发展出一套自我保护机制。植物也不例外，它们在遭遇虫害时，会散发出特殊的香味，邀请“友好”昆虫来帮助它们消灭害虫。

研究人员发现，植物普遍拥有能够产生清香气味的酶。植物叶片在受到害虫的啃咬之后，害虫的口腔内分泌的唾液和植物受伤部位流出的一些绿色的汁液会混合在一起，绿色汁液中的清香酶在害虫唾液的刺激下，就散发出特殊的香味。香味中含有一些化学物质，这是引诱害虫的天敌前来充当医生、清除害虫的化学信号。这些化学信号是一些挥发性萜类混合物，植物的昆虫“医生”不但可以闻香而来，还可以据此区分受害和未受害的植株。

例如，卷心菜的叶片被菜粉蝶幼虫啃食后，释放出的特殊香味可吸引远处的“医生”——菜粉蝶的天敌粉蝶盘绒茧蜂。又比如，大豆植株的叶片受到蚜虫咬食后，散发的香味可吸引来蚜虫的天敌——瓢虫。

只为害虫而来

如果植物不是被害虫咬伤，而是受到其他机械性损伤，“医生”会不会跑来帮忙治疗呢？当然不会，因为它们来了没有虫子吃。实际上，没有害虫唾液的刺激，植物也不会散发出招引“医生”的特殊香味。

研究人员曾针对这个问题做了个实验，当人们把一些茶树叶子掐破之后，植物流出了大量的汁液，但是散发的香味没有引诱来“医生”。嗅觉测试仪的测试结果也表明，植物叶子此时散发的香味中并不含有吸引“医生”的信息化合物。

当茶树的叶子被大量的茶尺蠖咬伤后，不到 2 个小时，就飞来了一些对付茶尺蠖的单白绵绒茧蜂。嗅觉测试仪的测试结果也表明，植物叶子此时散发的香味含有吸引“医生”的信息化合物。

昆虫与植物的“化学通信”

研究人员表示，这项研究可以帮助那些不能散发挥发性信息化合物的植物来防虫。比如，十字花科的拟南芥就不能吸引“医生”。于是，研究人员利用转基因方法，将青椒合成香味酶的基因导入拟南芥中。拟南芥经转基因操作后，叶片一旦被菜粉蝶的幼虫啃食，它散发的清香便会增强。这种清香会传播得很远，吸引菜粉蝶的天敌粉蝶盘绒茧蜂前来。这种寄生蜂把卵产到菜粉蝶幼虫身上，在菜粉蝶幼虫形成蛹之前就可以把幼虫吃个精光。

除了招引植物的“医生”外，有的植物在受到害虫咬食后释放的气味本身还可以驱虫。例如，茶树的叶片在受到蝉的咬食后，会散发出一种独特的香味，蝉却不喜欢闻这种气味，只好匆匆飞走了。

目前，昆虫与植物的“化学通信”已经成为害虫防治新的研究领域。在昆虫与植物的长期协同进化过程中，为了适应不断变化的外界环境，双方都拥有了一套相互抑制、相互适应、相互作用的生存对策。据估计，世界上至少有 2 万种植物和昆虫保持着互惠互利的关系。

生物相互之间的信息传递是生命科学中引人入胜的研究领域之一，各生物种之间和种群内部都存在化学信息的交流方式。研究昆虫对植物挥发性信息化合物的影响与利用，可以帮助人类寻找害虫的自然控制因子，探索环境友善型害虫防治途径。如果把这些研究成果更好地应用到农作物栽培方面，就有可能减少农药的使用量，让我们餐桌上的食物变得更加健康、绿色，对环境保护也非常有利。

智博士

虫子不爱吃的水稻

褐飞虱和螟虫是稻田中破坏性最大的两种害虫。浙江大学的研究人员舒庆尧等人发现，害虫啃食水稻时，水稻体内的五羟色胺含量升高了。五羟色胺是一种可让虫子感到愉悦的化学物质，主要由CYP71A1基因合成。研究人员还发现，害虫不喜欢敲除了CYP71A1基因的水稻。原来，五羟色胺并非为水稻防虫服务，反而是吸引虫子啃食的化学物质。因此，科学家认为，通过基因科学的手段，培育不会制造五羟色胺的水稻，就可以有效防治虫害。

野菜的“金属铠甲”

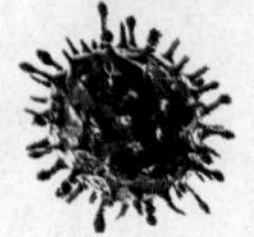

在古代的战争中，士兵们往往都会穿上金属铠甲来防御敌人武器的伤害。英国牛津大学的研究人员发现，欧洲常见的一种野菜——遏蓝菜也有非常独特的“金属铠甲”，可以用来击退病菌的进攻。

遏蓝菜可以吸收重金属

遏蓝菜学名为菥蓂，是一年生草本植物，高 15 ~ 40 厘米。遏蓝菜广泛分布于亚洲、欧洲和北非，在我国北方也有所分布。遏蓝菜是一种可以食用的野菜，常见的吃法是开水焯过后做凉拌菜，也可以制作腌菜。在很久以前，科学家就发现遏蓝菜可以在叶子中累积大量金属元素。研究人员在一些废弃的矿山中搜集遏蓝菜进行分析，结果发现这些遏蓝菜中富含锌、镍、镉等多种金属元素。

为什么遏蓝菜要吸收金属元素？这曾经是令研究人员十分困惑的问题。但是，这不妨碍人们对它的应用，一些有重金属污染的地区开始大量种植遏蓝菜，用它来清除污染，尤其是清除镉污染比较有效。

在亚洲一些国家，遏蓝菜是一种可以用于消炎的草药。因此，有研究人员警告药厂，一定要收购无重金属污染地生长的遏蓝菜，以免治病的药物成为危害人体健康的毒药。

重金属是一把双刃剑

最近，牛津大学的研究人员盖尔·普雷斯顿等人才发现，遏蓝菜吸收金属元素的原因是为了自我保护。普雷斯顿说："我们的研究结果表明，这些植物是利用富含金属的环境来武装自己，并以此对抗病菌。"

入侵遏蓝菜的病菌大多是丁香假单胞菌，它们对重金属缺乏免疫能力。如果丁香假单胞菌入侵遏蓝菜，其枝叶内累积的重金属会向病菌发起进攻，灭杀这些病菌。因此，遏蓝菜穿上的"金属铠甲"，不仅有防御作用，还是杀死病菌的有力武器。

负责实验的研究生海伦·福内斯培育了一些重金属环境下生长的遏蓝菜。研究结果显示，其叶子中锌、镍、镉的含量越来越高。这表明，锌、镍、镉这三种重金属都可以保护遏蓝菜免受病菌感染。

参与研究的安德鲁·史密斯介绍说：“其实，不只是病菌害怕遏蓝菜中的重金属，连一些食草动物都对矿区的遏蓝菜没有兴趣。因为食草动物吃了这种遏蓝菜后，会因为重金属中毒而呕吐不止。这种教训令食草动物再也不敢去碰遏蓝菜。”

无论是对植物还是动物来说，重金属都是一剂毒药，因为它们会破坏生物体内的细胞结构，使细胞坏死。也就是说，对遏蓝菜来说，重金属是一把双刃剑，既可能刺伤外敌，也可能杀伤自己。要避免重金属危害自己，遏蓝菜必须要有一套完善的保护机制。

遏蓝菜与病菌的军备竞赛

就像人类使用抗生素会激发出超级细菌一样，遏蓝菜的“金属铠甲”令一些丁香假单胞菌也会进化成不怕重金属的超级细菌。在威尔士一处废旧铅锌矿上生长的遏蓝菜的叶片内，普雷斯顿等人提取出一种不怕锌的超级丁香假单胞菌。

与生长在未被重金属污染的土壤中的遏蓝菜体内的病菌相比，超级丁香假单胞菌的抗锌能力要强大得多。研究人员还在继续寻找，看看穿戴“金属铠甲”的遏蓝菜是否会令丁香假单胞菌进化出抵抗更多其他重金属的能力。

普雷斯顿表示，丁香假单胞菌抗金属能力的提升，对遏蓝菜来说可能是一场噩梦。但是，这对人类来说可能是福音。因为遏蓝菜和病菌之间会展开“军备竞赛”，双方都会不断提高自己的防御能力。随着病菌抗金属能力的增强，遏蓝菜也会强化自己的基因，以便吸收更多的金属，通过更大剂量的金属来杀死入侵的病菌。对人类来说，找到那些吸收重金属能力超强的遏蓝菜，就可以更有效地消除土壤中的重金属。

智博士

植物也有免疫系统

我们都知道，动物有免疫系统。其实，植物也有抵御外来伤害的免疫系统。清华大学柴继杰等人表示，在长期对抗病原生物的过程中，植物进化出了复杂高效的两层免疫系统，用于识别各种病原微生物，激活防卫反应，从而保护自己免受侵害。植物的第一层免疫系统位于细胞表面。第二层位于细胞内，由抗病蛋白发挥作用，这些抗病蛋白具有快速、有效的特点，是植物免疫的关键。柴继杰等人首次确定了植物免疫系统中的重要力量——抗病小体的结构和功能，揭示了植物抗病蛋白管控和激活的核心分子机制。

鸟儿耳内藏有指南针

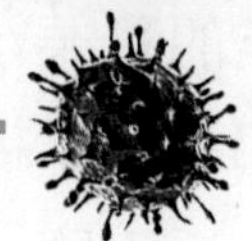

“小燕子，穿花衣，年年春天来这里。要问燕子你为啥来，燕子说：‘这里的春天最美丽’。”这是一首传唱多年的儿歌，其实，小燕子不完全是因为“这里的春天最美丽”才来，而是它有迁徙的习性，每年会从寒冷的北方飞往暖和的南方过冬，春暖花开时则会从南方飞到北方繁殖后代。

数千个指南针

自然界中不少鸟类都像小燕子那样有迁徙的习性。它们迁徙的原因大多是为了躲避北方的酷寒天气，越是靠北的寒冷区域，鸟类迁徙的比例越大。鸟类迁徙的距离少则几百千米，多则数千千米。在如此漫长的迁徙旅途中，它们为何不会迷路呢？科学家很早就推测，鸟类体内有导航系统，可以感知地球磁场，指挥鸟类按照正确的路线迁徙。

鸟类体内的导航系统究竟是什么？这是困扰科学家很久的一个问题。最近，澳大利亚科学家认为他们可能找到了鸟类导航之谜的谜底。研究发现，鸟类的耳朵内藏有一个个铁质小球，它就如同指南针一样可以帮助鸟类导航，让鸟类始终不会偏离正确的路线。

鸟类耳内的指南针不止一个，而是有数千个，这些指南针一起帮助鸟类辨别方向。鸟类的耳朵小得我们不仔细看都发现不了，这么小的耳朵能装得下那么多指南针吗？不用担心，因为这些指南针特别微小，都是些直径只有 20 纳米的小铁球，3000 个这样的小铁球一个接一个地排列起来还不到头发丝粗细的十分之一。

天生的认路能力

铁球状的指南针存在于鸟类耳内的毛细胞中。这些毛细胞不仅可以帮助鸟类听到声音，而且可以感知地球磁场的变化。对于鸟类耳内微小铁球的详细作用原理，研究人员还不完全清楚。研究团队负责人大卫·基耶斯表示：“我们在多种鸟类耳中都发现了这些小铁球，但是哺乳动物的耳中却没有这样的小铁球。我们并不完全清楚这些神奇铁球的作用，需要更多的时间来找到答案。”

以前的观测表明，一些年幼的候鸟在没有成年鸟类带领的情况下也可以从北方的繁殖地飞到几千千米外温暖的迁徙目的地。为什么候鸟天生就有自主长途导航的能力？鸟类学家一度对这个现象难以给出确切的答案。鸟类耳内微小铁球的发现表明，鸟类的导航系统是其生理结构的一部分，因此它们认路的能力是天生

的，而不用靠后天的学习来获得。

尽管鸟类可以独自找到来回迁徙的路线，但是它们很少独自迁徙，它们往往集群迁徙，有时群体庞大到有数十万只，每过一处甚至会造成遮天蔽日的效果。这是因为尽管鸟类的导航系统很精确，但是免不了有失误的时候，集群活动可以保障它们百分之百不会迷路。更为重要的是，集群迁徙可以相互帮助、共同御敌，这样的协作互助精神在动物世界随处可见。

鸟类导航系统的意义

耳内的指南针只是鸟类导航系统的一部分，它们对远距离导航起重要作用，以便鸟类在长途飞行时大方向不会出错。鸟类在方圆几十千米乃至几十米的范围内活动时，耳内小铁球只能起辅助作用，鸟类要想顺利地找到巢穴和捕食地，就得依靠视觉系统来导航，它们得看日光和周围的标志物来识别方位。

澳大利亚悉尼大学的鸟类学家杰姆·冈格拉表示：“不少人都对我说，你们为什么要研究鸟类为什么不会迷路，研究这个有什么用。其实，弄清鸟类导航的奥秘，不仅可以帮助我们更好地认识鸟类和保护鸟类，而且可以帮助我们开发更实用且更廉价的导航系统。”

其实，除却这些功利性的目的，仅仅满足人们的好奇心也是科学研究的重要目的。人们通过不断地认识自然环境来丰富自己的知识，从而不断推进人类文明朝着更加和谐的方向进步。

智博士

磁小体为细菌导航

我们生病服药后，药物在治疗疾病的同时可能伤害到健康细胞。如果用一些天然物质为药物导航，可让药物直接输送到需要治疗的部位。法国研究人员发现，细菌中的磁小体就是这样一种天然物质。磁小体一个重要的特点是外被生物膜，是极其优良的生物磁性纳米材料，主要用于分子生物学研究、靶向药物开发、疾病早期诊断试剂盒的开发等方面。如果将人工合成的磁小体装入药物中，可将药物定向地运送到相关组织或器官。

透明动物

如果你看见一只透明的猫或者狗向你走来，会不会被吓一跳？因为它们的身体可能像玻璃那样透明，内脏都能被看得一清二楚。如果它们吃东西，你可以看到食物从入口到排泄的整个过程。

你会不会觉得它们是来自科幻电影中的未来动物？其实，现在的科学家已经有能力培育出这样的透明动物了。

培育透明动物的方法

在海洋深处有不少透明的海洋动物，它们进化出透明的身体是为了让内脏从海底微弱的阳光中吸收更多的能量。还有一些生

存在漆黑一片的环境中的动物身体也是透明的，它们大多生活在地下土壤、深深的洞穴或者地下暗河中。

除了这些极少数特殊动物外，大自然中绝大多数动物体表都覆盖着毛发、皮肤或鳞片。不透明的身体对动物来说有很多好处，比如避免天敌的窥视、避免紫外线伤害内脏。

然而，不透明的身体对动物来说也不全是好事，最直接的影响就是动物生病时我们无法看清内脏的病变，必须借助各种透视手段才行。为了研究动物器官病变情况或者研究动物体内各种器官的生理活动机制，近年来科学家逐渐培育了一些透明的动物。

人工培育透明动物，常规的方法是利用基因工程进行培育。

一种方法是筛选和培育变异个体，有一些动物在胚胎发育阶段天然地出现了基因变异，有的是人为制造基因变异。结果是这些动物出生后成了特殊的透明个体，科学家就是要精心培育这些个体，让它们繁殖更多的透明后代用于科学研究。

还有一种方法是转基因，把深海动物（最常用的是水母）的一些透明基因提取出来，转移到一些不透明动物的 DNA 中，这样发育出来的新动物就是透明动物。

透明动物的实际应用

日本三重大学生物资源学研究所的研究人员田丸浩利用基因

筛选的方法，成功培育透明金鱼。他们培育出透明金鱼的主要目的是用于教学。

传统的生物学教学中，为了让学生了解动物的身体结构，往往需要进行解剖。从人与动物和谐共存的角度来看，这不算是一个好办法。

有了透明金鱼这样的透明动物，就不需要每堂课都解剖动物了，学生们只要观察透明金鱼，就能了解金鱼的身体构造，甚至能够比解剖这种方法还能更详细地了解动物的生理活动。学生们可以看到这些透明金鱼的大脑，也可以看到它们的心脏跳动情况。日本研究人员还培育了一些透明青蛙用于教学和研究。

在此之前，美国波士顿儿童医院的研究人员理查德·怀特等人利用转基因的方法，成功地培育出一种用于医学研究的透明斑马鱼。怀特与他的同事们共同做了一个实验，他们将一个发荧光的黑素瘤放入透明斑马鱼的腹腔中，通过显微镜观测，发现这些癌细胞在五天内就开始扩散。

事实上，怀特甚至观察到了单个癌细胞在透明斑马鱼体内的扩散过程，这些黑素瘤细胞很快地从腹腔扩散并聚集到了皮肤。怀特说：“这告诉我们，当肿瘤细胞向身体其他部位扩散时，并不是随便乱来的，它们非常有目的性。”

研究人员认为，透明斑马鱼是一种活着的研究工具，可以让研究人员直接看见斑马鱼体内的各个器官，甚至还可以用于实时观测斑马鱼体内的癌细胞生长过程。斑马鱼的基因与人类的基因有许多相似之处，因而是帮助科学家们研究人类疾病的较好的研究工具。

目前，透明斑马鱼被广泛地用于发育生物学、遗传学、肿瘤学、药物学、毒理与环保等方面的研究，在它的帮助下人类不断发现了一些新的研究成果。

虽然目前对透明动物的研究刚刚起步，科学家暂时也只培育出少量的透明斑马鱼、金鱼和青蛙。但是，相信随着基因技术的不断成熟和完善，将会有越来越多的透明动物出现在课堂和实验室中。这些透明动物将为人类和其他动物的健康作出贡献。

智博士

自然界中的透明动物

一些动物与生俱来的透明特性让我们叹为观止。委内瑞拉生活着浑身透明的玻璃蛙，它们是透明两栖动物的代表。昆虫的翅膀往往透明度较高，其中以玻璃蝴蝶翅膀最为透明。这种美丽的昆虫生活在中美洲，翅膀上缺少密集覆盖的鳞片。亚洲玻璃鲶鱼是世界上最透明的脊椎动物之一。大海深处的透明动物更多，许多深海水母浑身透明。类似水母的樽海鞘也拥有透明的身体，它们以海藻为食。在南半球的深海中，偶尔可以发现透明的玻璃乌贼。

极端环境下的生命

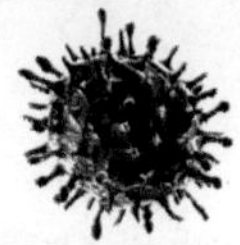

我们生活在一颗蔚蓝色的星球上，这里的生存环境千差万别。有的地方高温高压，有的地方寒冷干燥。但无论在多么极端和恶劣的环境中，都有生命存在。近年来，科学家在被曾经认为“不可能”有生命存在的各种极端环境中发现了越来越多的生物。生命已经遍及地球的几乎每一个地方，每一个角落，从海底到平流层上端，从炽热之地到极寒之地，从纯酸性环境到核辐射环境，似乎没有生命征服不了的地方。

不惧高温或寒冷

根据我们日常的生活经验，只要把食物煮熟，其中的细菌就可以被杀灭。然而，科学家发现了可以耐受 130℃高温的细菌。科学家把这种细菌命名为“品系 121”，表明它们能忍受 121℃以上的高温。有一些专性嗜热菌最适宜的生长温度在 65℃～70℃之间。在美国黄石国家公园的含硫热泉中，曾经分离出一株嗜热的兼性自养细菌——酸热硫化叶菌，它们可以在高于 90℃的温度下生长。

还有一些细菌不怕寒冷，比如，格陵兰冰层里的史前细菌。这类细菌被称为专性嗜冷菌，主要生活在极地、深海、寒冷水体、冻土等低温环境中，最高生长温度不超过 20℃，可以在 0℃甚至更低的温度下生长。

不怕刺激性化学物质

我们知道咸菜不容易腐败，那是因为高浓度盐分可以杀死细菌。然而，极端嗜盐菌，比如盐杆菌，不但不怕盐，还必须在高浓度盐分的环境中才能生存下来，最适宜其生长的盐浓度大约是氯化钠浓度 20%~30%，有的甚至能在 32% 浓度的盐水中生长，而大家熟知的海水的盐浓度才 3.5%。

有一些极端嗜酸菌，比如氧化亚铁硫杆菌，分布在酸性矿水、酸性热泉等地区，能生活在 pH 小于 1 的极端酸性环境中，我们在化学实验室中常用的稀盐酸 PH 为 1。还有一些嗜碱菌生活在盐碱湖、碱湖中，专性嗜碱菌在 pH 中性时不生长，最适宜其生长的 pH 一般在 10 左右。

能承受高压或无氧环境

在完全黑暗的大洋最深处，水压可达水面大气压的1000倍，这里依然生存着形如虾蟹的片脚类动物、海参、线虫和细菌等。为了适应深海环境，它们的细胞膜都变得非常柔韧。极端嗜压菌，比如DB21MT-5，主要生活在深海中，而且必须生长在高压环境中，在低于500倍水面大气压的环境中不能生长。1979年，科学家在深海热泉富含营养物质的边缘发现一种强悍的细菌——深海热网菌。除了能承受足以将潜艇压成薄煎饼的压强外，它们还经受住了超过水的沸点的高温考验。

科学家还曾在地表下大约550米的地方，发现了3000多种微生物。这些微生物，大多数是从地下水里吸收氧气，而另一些则不需要氧气就能生存。它们吸收养料少，新陈代谢缓慢，其生存方式如同地表的一些动物冬眠时一样。专性厌氧生物不需要氧气，暴露于有氧气的环境时反而会死亡。比如，甲烷杆菌生活在富含有机质且严格无氧的环境中，如沼泽地、水稻田、反刍动物的反刍胃等，能利用氢气还原二氧化碳产生甲烷。

不怕核辐射和紫外线

耐辐射球菌是一种微小球菌，能够抵御核辐射、紫外线等高能辐射。研究表明，这种独特的能力，归因于它们具有高效而准确的DNA修复系统。公认的耐辐射球菌有3种DNA修复方式：碱基切除修复、核苷酸切除修复和重组修复。对于耐辐射球菌是否具有易错修复尚存争议。染色体DNA的降解和排除细胞外有利于

DNA 正确、顺利地进行修复，但人们对 DNA 修复过程的分子机理了解却甚少。

其实，不只是耐辐射球菌可以抵御辐射，盐杆菌也可以抵御辐射。盐杆菌 NRC-1 是地球上抗辐射能力最强的生物之一，能够经受住 1.8 万戈吸收剂量的辐射。而在通常情况下，10 戈辐射便可致人死亡。科学家分析发现，NRC-1 更擅长修复自身的 DNA，其抗辐射能力几乎是耐辐射球菌的两倍。

奇异球菌是耐辐射球菌一个鲜为人知的亲戚，被称为地球上最强悍的细菌，曾入选《吉尼斯世界纪录大全》。奇异球菌于 2003 年在阿塔卡马沙漠的土壤中被发现。阿塔卡马沙漠位于智利，由于极为干旱荒凉，美国国家航空和宇航局曾在此进行火星任务模拟训练。据悉，这种球菌能够经受住寒冷、真空、干旱和辐射考验。其强大生存能力的关键在于它拥有多个基因组拷贝，如果一个基因组遭到破坏，所需的片段可以从另一个基因组复制。

智博士

揭示生命起源的奥秘

寻找极端环境下的生物，不仅仅是为了寻找一些奇特的生物，这项工作对研究生命的起源也有重要的意义。因为地球在形成之初是个大火球，燃烧了若干亿年才慢慢冷却下来。此时的地球环境依然十分恶劣，高温、多盐、无氧。如果现在发现的一些生物都能适应这样的环境，那么原始地球也可能进化出这样的生命，这为生命起源的研究提供了新的思路。发现极端环境下的生物，也可为寻找外星生命提供重要的证据和线索。

在太空舱中种地

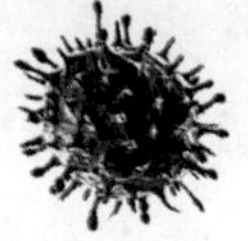

在未来，将有越来越多的航天员能在太空舱中享受“田园风光”，在辛勤耕种之后就可以享用到新鲜的蔬菜和肉食。

保障太空生活的三种方法

如何给航天员的太空生活提供保障？目前人们所能想到的有三种方法。第一种方法是自带所需物资，这是目前载人航天器所采用的主要方法。这种方法成本很高，升空的时候要携带大量生活必需品，返航的时候要携带粪便和其他生活垃圾。第二种方法是就地取材在外星球上获得物资。这种方法对技术的要求很高，目前还没有什么实质进展，预计近 50 年都难以有所突破。

现在的太空旅行大多只有几天，对于一直在太空中停留的载人国际空间站，也需要 3 个月补给一次物资。如果要进行外星探索，比如飞往火星，那时间就更长了。火星距离地球的最近距离有 5500 万千米，最远距离则有 4 亿千米。美国发射到火星的“好奇”号火星车，曾经经历了 10 个月才抵达了火星。

如果载人航天器飞往火星，飞行时间肯定会超过 1 年，往返就得 2 年。由于中途不能补充饮食，如果全部自带饮食，至少得准备 6 吨饮食，还得有个巨大的卫生间来处理和承载 2 年航程中所产生的粪便。

从目前的技术和航天成本来看，载人火星探索光是吃喝拉撒的问题就很难解决了。难道就没有别的办法了？有！这就是太空生命保障的第三种方法：受控生态生保系统。

带着生物去太空旅行

开展长时间、远距离和多乘员的载人深空探测和外星移民与开发，是未来航天技术发展的必然方向，而建立受控生态生保系统是解决其生命保障问题的根本途径。所谓受控生态生保系统，其实就是一个封闭的“太空农场”。

在这个“农场”中，航天员的大小便和部分生活垃圾经过微生物的分解发酵之后，可以作为植物的肥料。植物可以直接作为航天员的素食，也可以作为“农场”中动物的饲料，这些动物则可以为航天员提供肉食。更为重要的是，植物还可以为航天员和动物提供所需的氧气，而航天员和动物呼出的二氧化碳则可被植物吸收，通过光合作用合成有机物质。植物吸收航天员的尿液后，还可以通过蒸腾作用把部分尿液转化为水蒸气，冷凝后就可以成为干净的饮用水。

从受控生态生保系统的物质循环过程可以看出，在理想状态下，未来的太空旅行不需要携带太多的饮食，只需要携带一些植物种子和不同性别的动物幼体，另加少量的应急饮水和食物，就可以在太空中长期漫游了。

未来的太空飞船很可能就像是传说中的挪亚方舟，承载着不少生物。这些生物不但是航天员的伙伴，也是航天员的食物。未来的航天员将拥有多重身份，他们不仅是航天员、科学家和探险家，还是会在太空舱中种地的“太空农民”。当然，受控生态生保系统的相关技术不仅适用于太空舱，也适用于外星基地。

多国开发太空农场

近几十年来，一些发达国家一直没有间断过对太空农场可行性的研究。早在 20 世纪 60 年代，美国和苏联就开始了太空农场的研究，在空间植物培养等方面开展了大量研究。1972 年，苏联科学家首次尝试建造了受控生态生命保障系统，完成了“生态圈 3 号”的建造，约 1033 平方米，位于西伯利亚，可供 3 人生存。

1989 年，美国宇航局开始生命保障系统实验，建造了“生态之家”。这是一个形似太空舱的建筑，里面也有两个房间，一个房间种植植物，一个房间有人进行科学研究。1991 年，美国亚利桑那州图森市建造了“生态圈 2 号”（Biosphere 2），这是当时最大的受控生态生命保障系统。其中种植了精心挑选的 3500 种植物，放养了猪、羊、鸡以及昆虫、微生物等 300 种生物。遗憾的是，这个实验以失败告终。这也说明，生命要长期融入太空，绝非简单的事情。

1994 年，我国在载人航天工程启动后不久就开始了太空农场的相关研究工作。经过 20 多年的发展，从最初的概念研究起步，

逐步建成了受控生态生命保障技术实验室。我国已经建成了“天宫一号”空间站，还将建设更多“天宫”系列空间站，未来的太空农场试验将从地面转移到空间站中。

科学家预测，如果吃喝拉撒的问题能得到解决，第一批外星移民可能在50年内出现。美国太空探索技术公司（SpaceX）执行总裁埃隆·马斯克就表示，未来他们将在火星表面建造8万人的移居基地。目前，他们也在进行密闭生态系统的试验。可以预计，外星移民潮可能在我们大多数人的有生之年中涌现。到了那时，去火星看日出将成为新的旅游热潮。

智博士

太空新鲜肉食可能是蚕

说到太空肉食，我们马上会想到猪牛羊和鸡鸭鱼。然而，中国科学家却推荐了一款我们可能难以下咽的肉食——煎蚕。在外星基地中，饲养大型动物还有可能，要在太空舱的狭小空间中饲养这些动物就很不现实了。科学家为此推荐了小个头的蚕。他们认为蚕的蛋白质含量高、生长周期短、生物转化效率高、活动所需空间小，饲养蚕的过程中气味小、不产生废水。因此，蚕有希望作为太空旅行所需动物蛋白质的最佳候选动物。

把鸡改造成恐龙

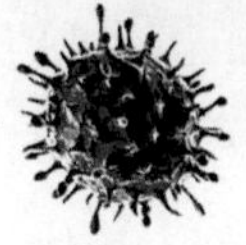

看到科幻影片里一些可爱的小恐龙，你是不是也想养一只小恐龙做宠物呢？这并非异想天开，加拿大科学家告诉我们，他们正在努力把鸡通过基因改造的方法培育成恐龙。或许十多年后，我们在花鸟市场上就可以买到宠物恐龙。

让鸡退化成恐龙

如何培育出一只恐龙？科学家能想到的最直接的办法，是找到恐龙的原始基因。比如，在科幻影片《侏罗纪公园》中，生物学家哈蒙德博士召集大批科学家，利用凝结在琥珀中的史前蚊子体内的恐龙血液，提取出恐龙的基因，结果培育出一大批恐龙，并使整个努布拉岛成为恐龙的乐园。

然而，要找到可以提取恐龙基因的血液，或者其他肌体组织比登天还难。恐龙生活于距今 2 亿年到 6500 万年前。数千万年来，这些史前庞然大物的尸体早已变成了化石，我们只能通过化石来推测它们的模样。科学家试图从化石中寻找，或是从琥珀中寻找，或是从泥沼里寻找，或是从冰川里寻找，迄今还没有人找到真正能提取恐龙基因的肌体组织。

难道人们想要复活恐龙的任务就难以完成了吗？近年来，科学家找到一种新的方法，那就是让现有的动物退化。我们知道，生物都是逐渐在进化，但是也有的新生动物有“返祖现象”，那就是基因退化了。鸡是从1亿年前的史前肉食恐龙进化而来的，理论上采用基因技术就可以让鸡退化成恐龙。

小鸡长出恐龙嘴

这项研究的负责人是加拿大蒙大拿州立大学的古生物学教授杰克·霍纳，他将正在培育的恐龙命名为鸡恐龙。霍纳教授表示，自然界的返祖现象是一种较慢的且不可控的退化，而利用基因技术则可让动物快速退化。

这种基因技术被称为“反向基因工程”技术，也就是朝进化的反方向来改造鸡的基因。鸡的遗传物质中包含着恐龙祖先的基因记忆，一旦这个基因记忆的“开关”被打开，就将复苏小鸡体内长期处于睡眠状态的恐龙特征。

当然，要把一只鸡改造成一头恐龙绝非易事，不可能在几个月或几年时间内完成，更不可能像变魔术那样瞬间就可以完成，而是需要一步一步地来完成。毕竟，自然界中一个物种演化为另外一个物种少则数万年，多则数千万年。

好在现在科学家有了“反向基因工程”技术，我们不需要等那么长时间了。说着比较简单，做起来却不容易。经过 7 年的秘密实验，科学家终于把鸡的嘴巴改造成了恐龙的嘴巴。也就是说，他们制造出了一只长有恐龙嘴的小鸡。

小鸡逐渐变恐龙

在制造出长有恐龙嘴的小鸡后，科学家接下来的任务就是逐步唤醒小鸡体内的恐龙基因，让小鸡的器官逐步变成恐龙的器官。首先要唤醒的是牙齿基因。我们知道鸡是没有牙齿的，而影视剧中的恐龙是有牙齿的，因此科学家要让鸡恐龙也长出牙齿来。

接下来还要改造尾巴，让鸡尾变成灵活摇摆且无毛的恐龙尾巴。还要把鸡的翅膀改造成短而尖锐的一对前腿，后腿用于站立，前腿用于刨食。恐龙自然没有那么多鸡毛，科学家将“敲除”小鸡的一些毛发基因，给它们留下少量的绒毛。这样一来，一只公鸡就变成一只可爱的恐龙啦。想想牵着它逛街的情形，是不是太有趣啦！

华南农业大学生命科学学院的王艇教授表示，按照目前的技术复活恐龙很难，目前一般认为，化石中的有机分子在超过 10 万年后就不能保存下来，它们会逐渐分解，尤其是血管、细胞核等，分解得更快。中国科学院动物研究所研究员李伟也认为，获得恐龙完整的基因组十分艰难、几乎不可实现。曾命名了 60 余恐龙新属种的古脊椎动物与古人类研究所研究员徐星也认为，利用目前的基因技术，几乎不可能复活恐龙。

霍纳教授不是科幻片中的那些试图颠覆世界的科学怪人，他认为自己的研究很严肃，可以和登月计划媲美。霍纳教授相信，第一只鸡恐龙有望在未来几十年内诞生，而他的最终梦想是培育出一头真正的史前恐龙。霍纳教授说："如果你真的期待我们能制造出恐龙宠物，那么我们将来也可以满足你的愿望。严格地说，我们正在做的事情并非培育宠物，而是复原古生物和那些已经灭绝的珍稀动物，让我们的世界恢复多样化的生态。"

智博士

如何让恐龙复活

究竟怎么复活恐龙呢？第一步要做的也是古生物学家目前正在做的，就是要找到恐龙的DNA。第二步将DNA拷贝，注入其他爬行动物或鸟类的卵细胞的已经取出了DNA的空细胞核中，以取代该卵细胞的DNA，科学家就可以像克隆羊、牛、猪那样培育出恐龙来。近年来，已经找到了微量的恐龙活性物质。一些科学家相信，如果能够找到更多的恐龙活性组织，按照现在科学技术的发展速度，让恐龙复活是早晚的事情。